高等职业教育新形态精品教材

建筑工程专业技能综合实训

主　编　任红梅　朱剑萍　吴香香
副主编　邢　涛　张富文　富秋实
参　编　马志泉　张运涛　石沁宇
　　　　吕燕燕　陈　蓉　徐　松

北京理工大学出版社
BEIJING INSTITUTE OF TECHNOLOGY PRESS

内容提要

本书共分为6个项目,主要内容包括建筑识图与构造实训、工程测量实训、建筑CAD/BIM实训、建筑材料实训、施工技术交底实训和工程招标投标实训。在项目实施中,本书根据学习规律将内容按照"实训"和"附件"划分为两部分,有利于学生实施实训过程。本书以工程实际案例作为实训任务,力求让内容紧跟行业步伐,紧贴工程实际。另外,本书的内容按照从简单到复杂、从单一到综合的思路编写,便于学生学习和掌握,达到多课程、多角度、多环节、多层次的校内综合实训目的。

本书可作为高等院校土木工程类相关专业的教材,也可作为建筑工程施工技术及管理人员的参考用书。

版权专有　侵权必究

图书在版编目(CIP)数据

建筑工程专业技能综合实训 / 任红梅,朱剑萍,吴香香主编.--北京:北京理工大学出版社,2024.4
ISBN 978-7-5763-3806-5

Ⅰ.①建… Ⅱ.①任… ②朱… ③吴… Ⅲ.①建筑工程－高等职业教育－教材 Ⅳ.①TU

中国国家版本馆CIP数据核字(2024)第076558号

责任编辑:封　雪		文案编辑:毛慧佳	
责任校对:刘亚男		责任印制:王美丽	

出版发行 / 北京理工大学出版社有限责任公司
社　　址 / 北京市丰台区四合庄路6号
邮　　编 / 100070
电　　话 / (010)68914026(教材售后服务热线)
　　　　　 (010)68944437(课件资源服务热线)
网　　址 / http://www.bitpress.com.cn
版 印 次 / 2024年4月第1版第1次印刷
印　　刷 / 北京紫瑞利印刷有限公司
开　　本 / 787 mm × 1092 mm　1/16
印　　张 / 10.5
字　　数 / 266千字
定　　价 / 42.00元

图书出现印装质量问题,请拨打售后服务热线,负责调换

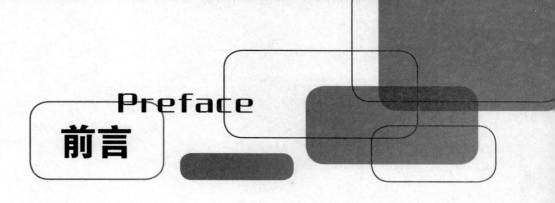

前言

本书是一本针对学生学完全部专业课程和单项实训课程之后的实践环节编写的教材,将所学知识、技能进行综合,旨在提升学生的综合职业能力。在本书编写过程中,编者以新的标准、规范、图集为依据,以典型的工程案例和施工经验为主线,按照职业教育人才培养要求,结合建筑工程类专业人才培养目标,力求特色鲜明、模块化。

本书在每个项目的内容组织上,根据知识体系和实践技能特点进一步归纳和总结了相关领域的核心知识点和技能点,按照从简单到复杂、从单一到综合的思路编写,便于学生理解和掌握。

本书中每个工作任务的设计均以满足工作需求和应用为前提,力求贴近职业岗位,紧跟建设行业有关标准、规范、图集更新步伐,并对传统的知识做了大幅精简,使内容的编写围绕满足相关项目实训需要展开。

本书由上海城建职业学院任红梅、朱剑萍、吴香香担任主编,由上海城建职业学院邢涛、上海建科工程改造技术有限公司张富文、上海建工第二集团有限公司富秋实担任副主编。上海城建职业学院马志泉、张运涛、石沁宇、吕燕燕、陈蓉、徐松均参与了本书部分内容的编写工作。同时,编者在本书的编写过程中也得到了上海城建职业学院和北京理工大学出版社的大力支持与帮助,谨此一并致谢!

由于编者水平和经验有限,书中难免存在不妥之处,敬请广大读者批评指正。

编　者

目录

项目1 建筑识图与构造实训 …………………………………… 1

1.1 建筑制图标准 ………………………………………… 2
- 1.1.1 图纸幅面与格式 …………………………………… 2
- 1.1.2 图线 ……………………………………………… 2
- 1.1.3 比例 ……………………………………………… 3
- 1.1.4 尺寸 ……………………………………………… 3
- 1.1.5 定位轴线 …………………………………………… 4
- 1.1.6 索引符号与详图符号 ……………………………… 4
- 1.1.7 标高 ……………………………………………… 4
- 1.1.8 引出线 …………………………………………… 5

1.2 建筑施工图识读基础知识 …………………………… 5
- 1.2.1 图纸目录 …………………………………………… 5
- 1.2.2 建筑平面图 ………………………………………… 5
- 1.2.3 建筑立面图 ………………………………………… 5
- 1.2.4 建筑剖面图 ………………………………………… 6
- 1.2.5 建筑详图 …………………………………………… 6

1.3 结构施工图识读基础知识 …………………………… 6
- 1.3.1 钢筋混凝土识图基础知识 ………………………… 6
- 1.3.2 结构施工图的内容和组成 ………………………… 8
- 1.3.3 平法识图基础知识 ………………………………… 9

1.4 房屋构造基础知识 …………………………………… 16

实训 ……………………………………………………………… 17

附件 ……………………………………………………………… 22

项目2 工程测量实训 ……………………………………… 23

2.1 小区域控制测量相关基础知识 ……………………… 24
- 2.1.1 控制测量的基本概念 ……………………………… 24
- 2.1.2 小区域平面控制测量相关基础知识 ……………… 24
- 2.1.3 小区域高程控制测量相关基础知识 ……………… 29

2.2 施工测量相关基础知识	34
2.2.1 施工测量的基本概念和方法	34
2.2.2 极坐标放样法	35
2.2.3 全站仪坐标放样	35
2.2.4 点位测设检核	36
实训	38
附件	45

项目3 建筑CAD/BIM实训 …… 46

3.1 软件安装与使用	47
3.2 AutoCAD/BIM 技术基础知识	47
3.2.1 AutoCAD 基础知识	47
3.2.2 BIM 基础知识	53
3.3 应用技巧	55
3.3.1 AutoCAD 技巧	55
3.3.2 Revit 技巧	56
实训	58
附件	61

项目4 建筑材料实训 …… 74

4.1 建筑材料的概念	75
4.2 建筑材料的分类	75
4.3 建筑材料的技术标准	75
4.4 建筑材料的孔隙	76
4.5 建筑材料的基本性质	76
4.5.1 材料与质量有关的性质	77
4.5.2 材料与水有关的性质	78
4.5.3 材料与热有关的性质	79
4.5.4 材料的力学性质	80

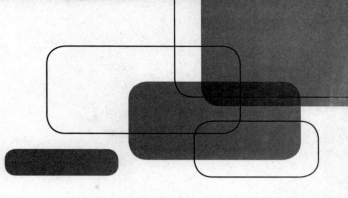

Contents

- 4.6 胶凝材料 …… 82
  - 4.6.1 胶凝材料的概念 …… 82
  - 4.6.2 水泥 …… 82
  - 4.6.3 通用硅酸盐水泥 …… 82
  - 4.6.4 通用硅酸盐水泥的技术性质 …… 82
- 4.7 建筑用砂、石 …… 83
  - 4.7.1 砂 …… 83
  - 4.7.2 石 …… 84
- 4.8 混凝土 …… 84
  - 4.8.1 混凝土的定义 …… 84
  - 4.8.2 混凝土的分类 …… 85
  - 4.8.3 混凝土的和易性 …… 85
  - 4.8.4 混凝土的立方体抗压强度 …… 86
  - 4.8.5 立方体抗压强度标准值 …… 86
  - 4.8.6 强度等级 …… 86
  - 4.8.7 混凝土的轴心抗压强度 …… 86
- 4.9 砂浆 …… 86
  - 4.9.1 建筑砂浆的定义 …… 86
  - 4.9.2 砂浆的分类 …… 86
  - 4.9.3 砂浆的和易性 …… 87
  - 4.9.4 砂浆的立方体抗压强度 …… 87
- 4.10 钢材 …… 87
  - 4.10.1 钢材 …… 87
  - 4.10.2 钢材的技术性能 …… 87
  - 4.10.3 钢材的化学成分 …… 88
- 实训 …… 89

项目5 施工技术交底实训 …… 119
- 5.1 施工技术交底的概念 …… 120
- 5.2 施工技术交底的分类 …… 120

5.3 编写施工技术交底文件的依据 …………………………… 120
5.4 施工技术交底文件的内容 …………………………………… 121
5.5 施工技术交底的编制要求 …………………………………… 121
5.6 施工技术交底的形式 ………………………………………… 122
5.7 施工技术交底的组织 ………………………………………… 122
5.8 施工技术交底的管理 ………………………………………… 123
5.9 施工技术交底与施工组织设计、施工方案、作业指导书
    的不同点 …………………………………………………… 123
实训 ……………………………………………………………… 124

项目6 工程招标投标实训 ……………………………… **134**

6.1 招标投标相关基础知识 ……………………………………… 135
    6.1.1 建设工程承发包的概念 ……………………………… 135
    6.1.2 建设工程承发包的内容 ……………………………… 135
    6.1.3 建筑市场 ……………………………………………… 135
    6.1.4 建设工程招标投标 …………………………………… 136
6.2 投标相关基础知识 …………………………………………… 136
    6.2.1 现场踏勘与投标预备会 ……………………………… 137
    6.2.2 招标文件分析 ………………………………………… 137
    6.2.3 投标文件编制 ………………………………………… 137
    6.2.4 投标策略及报价技巧 ………………………………… 137
    6.2.5 投标文件递交 ………………………………………… 137
6.3 开标、评标与定标 …………………………………………… 138
    6.3.1 开标 …………………………………………………… 138
    6.3.2 评标 …………………………………………………… 138
    6.3.3 定标 …………………………………………………… 138
实训 ……………………………………………………………… 139
附件 ……………………………………………………………… 147

参考文献 …………………………………………………… **159**

项目 1　建筑识图与构造实训

建筑识图与构造实训是根据建筑工程技术专业人才培养目标,对学生进行综合能力培养的重要步骤;也是学生运用所学的专业知识,分析解决工程实际问题的综合性训练内容。

实训通过强化学生对基本制图规范和建筑图形的识读和表达能力,增进学生对房屋各组成部分的构造做法和要求的理解和掌握,使学生能够运用所学的基本知识与实践相结合,从而达到融会贯通的目的。

知识目标

(1) 掌握建筑的构成要素。
(2) 掌握一般民用建筑的构造原理及典型做法。
(3) 掌握建筑制图标准及构造标准图集。
(4) 掌握绘图及识读建筑专业施工图的有关知识。

能力目标

(1) 具有熟练的绘制及识读建筑专业施工图的能力。
(2) 能够根据工程及环境的具体条件,合理地选择或实施有效、可靠、经济、美观的建筑构造措施。
(3) 具有熟练应用有关制图标准及构造标准图集的能力。

素质目标

(1) 培养学生树立严谨、认真、刻苦的学习态度,养成自觉观察周围建筑实物,接受新鲜事物的素养。在分析建筑施工图基础知识相关内容时,挖掘本项目所涵盖的思政教育内容,融入典型适当地调整教学内容。

(2) 引导学生正确理解中国发展形势、爱国爱党、坚定"四个自信";激励学生脚踏实地、勤奋学习、刻苦努力;培养学生遵纪守法、爱岗敬业、诚信为本、严谨求实的职业道德和严谨作风;引导学生传承大国工匠精神,鼓励学生勇于走在时代前列、肩负起历史使命。

本部分理论知识只是实训学习的引导，详细知识的学习需自行查阅相关资料。

1.1 建筑制图标准

1.1.1 图纸幅面与格式

1. 图纸幅面与图框

图纸的幅面一般为 A0～A4，其中 A0～A3 图纸宜横式使用，必要时，也可立式使用。

为了使用图样复制和缩微摄影时定位方便，均应在图纸各边长的中点处分别画出对中标志。对中标志线宽不小于0.35 mm，长度从纸边界开始至伸入图框内约5 mm。

2. 标题栏与会签栏

每张图纸的右下角，必须画出图纸标题栏（图1-1）。它是各专业技术人员绘图、审图的签名区及工程名称、设计单位名称、图名、图号的标注区。

会签栏放在图纸左上角图框线外，应按图1-2中的格式绘制，其尺寸为100 mm×20 mm，栏内应填写会签人员所代表的专业、姓名、日期（年、月、日）。一个会签栏不够用时，可另加一个，两个会签栏应并列；不需会签的图纸，可不设会签栏。

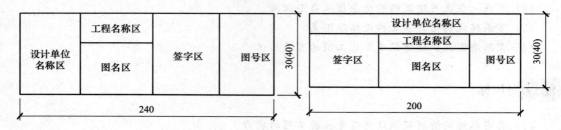

图1-1 标题栏

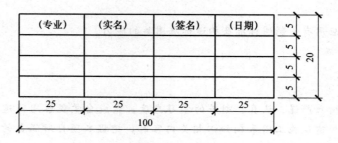

图1-2 会签栏

1.1.2 图线

工程图是由各种不同的图线绘制而成的。为了使所绘制的图样主次分明，清晰易懂，必须使用不同的线型和不同粗细的图线。

每个图样，应根据其复杂程度及比例大小，先选定基本线宽 b 值，再按表1-1确定相应的线宽组。

表1-1 线宽组　　　　　　　　　　　　　　　　　　　　　　mm

线宽比	线宽组			
b	1.4	1.0	0.7	0.5
$0.7b$	1.0	0.7	0.5	0.35
$0.5b$	0.7	0.5	0.35	0.25
$0.25b$	0.35	0.25	0.18	0.13

注：1. 需要缩微的图纸，不宜采用0.18 mm及更细的线宽。
　　2. 同一张图纸内，各不同线宽中的细线，可统一采用较细的线宽组的细线

1.1.3 比例

图样的比例，应为图形与实物相对应的线性尺寸之比，以阿拉伯数字表示，如1∶1、1∶2、1∶100等。比值为1的比例叫作原值比例；比值大于1的比例叫作放大比例；比值小于1的比例叫作缩小比例。

绘图时，应根据图样的用途与被绘对象的复杂程度，从表1-2中选用适当的比例，并优先选用表中的常用比例。一般情况下，一个图样选用一种比例。根据专业制图的需要，同一图样可选用两种比例。

表1-2 绘图所用的比例

常用比例	1∶1、1∶2、1∶5、1∶10、1∶20、1∶30、1∶50、1∶100、1∶150、1∶200、1∶500、1∶1 000、1∶2 000
可用比例	1∶3、1∶4、1∶6、1∶15、1∶25、1∶40、1∶60、1∶80、1∶250、1∶300、1∶400、1∶600、1∶5 000、1∶10 000、1∶20 000、1∶50 000、1∶100 000、1∶200 000

1.1.4 尺寸

一张完整的工程图是由表达物体的图样和标注的尺寸两部分组成的。

图样上的尺寸，是由尺寸界线、尺寸线、尺寸起止符号、尺寸数字组成。

图样上的尺寸，应以尺寸数字为准，不得从图上直接量取。尺寸单位除标高及总平面图以米为单位外，均以毫米为单位。尺寸数字的读数方向，应按图1-3（a）的规定注写。若尺寸数字在30°斜线区内，宜按图1-3（b）的形式注写。尺寸数字应依据其读数方向注写在靠近尺寸线的上方中部，如没有足够的注写位置，最外边的尺寸数字可注写在尺寸界线的外侧，中间相邻的尺寸数字可错开注写，也可引出注写（图1-4）。

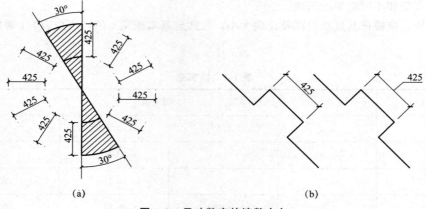

图 1-3 尺寸数字的读数方向

(a) 尺寸数字的读数方向；(b) 尺寸数字在 30°斜线区内的读数方向

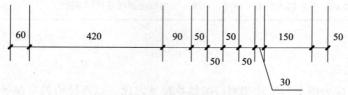

图 1-4 尺寸数字的注写位置

1.1.5 定位轴线

定位轴线简称轴线，就是把房屋中的墙、柱和屋架等承重构件的轴线画出，并进行编号，以便施工时定位放线和查阅图纸。

1.1.6 索引符号与详图符号

当图纸中的部分图形或某一构件，由于比例较小或细部构造较复杂并无法表示清楚时，通常将这些图形和构件用较大的比例放大画出，这种放大后的图就称为详图。为了使详图与有关的图能联系起来并查阅方便，通常采用索引标志的方法来解决，即在需要另画详图的部位以索引符号索引，在相应详图上编上详图符号，两者一一对应。

1.1.7 标高

建筑物各部分的竖向高度主要用标高来表示。

标高符号应以直角等腰三角形表示，如图 1-5（a）所示，用细实线绘制，如标注位置不够，也可按图 1-5（b）的形式绘制。

标高数字以米为单位，注写到小数点以后第三位。在总平面图中，可注写到小数点以后第二位。零点标高应注写成±0.000，正数标高不注"＋"，负数标高应注"－"，如 4.500、－4.500。

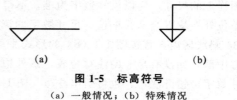

图 1-5 标高符号

（a）一般情况；(b) 特殊情况

1.1.8 引出线

引出线应以细实线绘制，宜采用与水平方向成30°、40°、60°、90°的直线，或经上述角度再折为水平线。文字说明宜注写在水平线上方，也可注写在水平线的端部。索引详图的引出线应与水平直径线相连。

1.2 建筑施工图识读基础知识

1.2.1 图纸目录

（1）除包含本套建筑施工图的目录外，建议包括引用标准图册的图册号与图册名称。

（2）建筑设计总说明，包括工程设计的依据、批文；相关整体工程或相关配套工程的概括说明；建筑用料、门窗明细表以及其他未尽事宜。

（3）建筑总平面图，反映新建工程的总体布局，表示原有的和新建房屋的位置、标高、道路、构筑物、地形、地貌等情况。根据总平面图可以进行房屋定位、施工放线、土方施工、施工总平面布置和总平面中其他环境设施等。

（4）各层建筑平面图，图反映房屋的形状、大小及房间的布置，墙、柱的位置，门窗的类型和位置等。因此，建筑平面图是施工放线、砌墙、安装门窗、预留孔洞、室内装修及编制预算、施工备料等工作的重要依据。

1.2.2 建筑平面图

（1）表示房屋的平面形状、房间的布置、名称编号及相互关系，表示定位轴线、墙和柱的尺寸，门窗的位置及编号，入口处的台阶、栏板、走廊、楼梯、电梯、室外的散水、雨水管、阳台、雨篷等。

（2）标高及尺寸标注。标高要以 m 为单位注出室外地面、各层地面、楼面的标高以及有高度变化部位的标高。除房屋总长、定位轴线以及门窗位置的三道尺寸外，室外的散水、台阶、栏板等详尽尺寸都要标注齐全。图形内部都要标注不同类型各房间的净长、净宽尺寸，内墙上门、窗洞口的定型、定位尺寸及细部详尽的尺寸。

（3）标注出各详图的索引符号。在一层平面图上标注出剖面图的剖切符号及编号。表明采用的标准构配件的编号及文字说明等。

（4）综合反映其他工种（如水、暖、电、煤气等）对土建工程的要求，各工种要求的水池、地沟、配电箱、消火栓、预埋件、墙或楼板上的预留洞等在平面图中需表明其位置和尺寸。

（5）屋顶平面图表示屋顶的形状、挑檐、屋面坡度、分水线、排水方向、落水口及突出屋面的电梯间、水箱间、烟囱、通风道、检查孔、屋顶变形缝、索引符号、文字说明等。

1.2.3 建筑立面图

（1）表示房屋外形上可见部分的全部内容。从室外地坪线、房屋的勒脚、台阶、栏板、花池、门、窗、雨篷、阳台、地面分格线、挑檐、女儿墙、雨水斗、雨水管、屋顶上可见的烟囱、水箱间、通风道及室外楼梯等全部内容及其位置。

(2) 标高。建筑立面图上一般不标注高度方向的尺寸，而是标注外墙上各部位的相对标高。标高应注写出室外地面、入口处地面、勒脚、各层的窗台、门窗顶、阳台、檐口、女儿墙等标高。标高符号应大小一致、排列整齐、数字清晰。一般标注在立面图的左侧，必要时左右两侧均可标注，个别的可标注在图内。

(3) 立面图上某些细部或墙上的预留洞需注出定形、定位尺寸。

(4) 标注出局部详图的索引，或个别外墙详图的索引及文字说明。

(5) 立面图上要用图例或文字说明外墙面的建筑材料、装修做法等。

1.2.4 建筑剖面图

(1) 剖面图一般表示房屋高度方向的结构形式。如墙身与室外地面散水、室内地面、防潮层、各层楼面、梁的关系；墙身上的门、窗洞口的位置；屋顶的形式，室内的门、窗洞口，楼梯、踢脚、墙裙等可见部分。

(2) 标高和尺寸标注。

1) 标注出各部位的标高。如室外地面标高、室内一层地面及各层楼面标高、楼梯平台、各层的窗台、窗顶、屋面、屋面以上的阁楼、烟囱及水箱间等标高。

2) 标注高度方向的尺寸。外部尺寸主要是外墙上在高度方向上门、窗的定型、定位尺寸。内部尺寸主要是室内门、窗、墙裙等高度尺寸。

(3) 多层构造说明。如果需要直接在剖面图上表示地面、楼面、屋面等构造做法，一般可以用多层构造共用引出线。引出线应通过被引出的各层，文字说明宜注写在横线的端部或横线的上方。说明的顺序由上至下，并应与被说明的层次相互一致。

(4) 索引符号及文字说明。各节点构造的具体做法，应以较大比例绘制成详图，并用索引符号表明详图的编号和所在的图纸号，以及必要的文字说明。

1.2.5 建筑详图

由于建筑平、立、剖面图的比例较小，只能在宏观上将房屋的主体表示出来，却无法把所有细部内容表达清楚。因此用较大的比例将房屋的细部或构配件的构造做法、尺寸，构配件的相互关系、材料等详尽地绘制出来的图样称为建筑详图。

建筑详图的图示方法常用局部平面图、局部立面图、局部剖面图或节点大样图表示。具体的各部位的详图视各部位的复杂程度不同，其图示方法也各不同。如墙身详图用一个剖面图即可。楼梯详图则需要平面图、剖面图和节点大样图。

1.3 结构施工图识读基础知识

1.3.1 钢筋混凝土识图基础知识

用钢筋混凝土制成的梁、柱、楼板、基础等构件组成的结构物称为钢筋混凝土结构。

1. 构件中钢筋的形式和作用

(1) 受力钢筋：受拉钢筋配置在钢筋混凝土构件的受拉区域。简支梁的受拉钢筋在其下部，悬挑梁和雨篷的受拉筋在其上部，屋架的受拉筋在其下弦和受拉腹杆中。

弯起钢筋梁的受拉在两端弯起，以承受斜向拉力，叫作弯起钢筋，是受拉钢筋的一种变化形式。

受压钢筋配在受压构件（如柱、桩、受压杆）中或受弯构件的受压区内。

（2）分布筋：一般用在墙、板或环形构件中，将承受的荷载均匀分布给受力钢筋，并用以固定受力钢筋的位置和抵抗温度变形。

（3）箍筋：用在梁、柱、屋架等构件中，以固定受力筋位置和承受分斜拉应力。

（4）架立筋：构成梁的钢筋骨架，用以固定钢筋的位置。

2. 钢筋、钢箍的弯钩

光圆受力筋一般要在两端做弯钩，目的是加强钢筋与混凝土的粘结力，避免钢筋在受拉时滑动。钢筋弯钩一般有三种形式：半圆弯钩、直弯钩、斜弯钩。

在《混凝土结构设计规范（2015年版）》（GB 50010—2010）中，对钢筋的标注按其产品种类不同分别使用不同的符号（表1-3）。

表1-3 常用钢筋种类

	种类	符号	d/mm
热轧钢筋	HPB300	Φ	6～14
	HRB335	Φ	6～14
	HRB400 HRBF400 RRB400	Φ Φ^F Φ^R	6～50
	HRB500 HRBF500	Φ Φ^F	6～50

3. 预埋铁件

为了相关构件之间连接的需要或具有其他用途，在钢筋混凝土构件中，常预埋带脚的钢板、型钢、钢筋等，属于预埋铁件，预埋铁件的代号是"M"。

4. 钢筋混凝土构件的图示方法及标注

（1）钢筋混凝土构件的图示方法。从钢筋混凝土结构的外观只能看到混凝土的表面及其外形，而看不到内部的钢筋及其布置。为了突出表达钢筋在构件内部的配置情况，可假定混凝土为透明体，并对此投影，绘制出构件的配筋图。配筋图由立面图和断面图组成。在立面图中，构件的轮廓线用中粗实线画出，钢筋则用粗实线（单线）表示。在断面图中，剖到的钢筋圆截面画成黑圆点，其余未剖到的钢筋仍画成粗实线，并规定不画材料图例。图中应标注出钢筋的类别、数量、直径及间距等。

对外形比较复杂的或设有预埋件的构件，还需要另画出模板图。模板图是表示构件外形和预埋件位置的图样，图中标注出构件的外形尺寸（也称为模板尺寸）和预埋件型号及其定位尺寸，它是制作构件模板和安放预埋件的依据。对于外形比较简单又无预埋件的构件，由于在配筋图中已标注出构件的外形尺寸，不需画出模板图。

（2）钢筋的标注。钢筋的直径、根数或相邻钢筋中心距一般采用引出线方式标注，其标注形式及含义如图1-6所示。

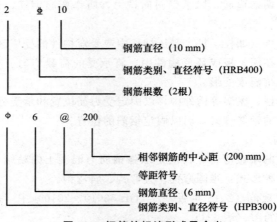

图 1-6　钢筋的标注形式及含义

5. 应注意的问题

（1）钢筋混凝土结构图除了表示构件的形状、大小以外，主要表示构件内部钢筋的配置、形状、数量和规格。其中规定钢筋用粗实线表示，钢箍用中实线表示，构件轮廓用细实线表示。由于构件中钢筋和混凝土各尽所能分工负责，因此钢筋在混凝土里的位置绝对不能搞错。

（2）为了防止钢筋生锈，在浇捣混凝土时，要留有一定厚度的保护层，使钢筋不露在外面。因此看图时，要注意保护层的厚度。

（3）光圆钢筋两头要有弯钩，以便增强钢筋和混凝土的粘结力。而螺纹钢筋一般不需弯钩。

（4）混凝土构件图一般都附有钢筋表，识读时要核对钢筋的根数、直径和编号是否与有关的构件图一致。

1.3.2　结构施工图的内容和组成

结构施工图一般由结构设计说明、基础图、结构平面布置图以及结构详图组成。

1. 结构设计说明

结构设计说明是结构施工图的纲领性文件。它以文字说明为主，主要表达以下内容：

（1）工程概况，如建设地点、结构形式、抗震设防烈度、结构设计使用年限、混凝土结构抗震等级、砌体结构质量控制等级等。

（2）设计依据，如业主所提供的设计任务书及工程概况，设计所依据的标准、规范、规程等。

（3）材料选用及要求，如混凝土的强度等级、钢筋的级别，砌体结构中块材和砌筑砂浆的强度等级，钢结构中所选用的结构用钢材的情况及焊条的要求和螺栓的要求等。

（4）上部结构的构造要求，如混凝土保护层厚度、钢筋的锚固、钢筋的接头，钢结构焊缝的要求等。

（5）地基基础的情况，如地质情况，不良地基的处理方法和要求，对地基持力层的要求，基础的形式，地基承载力特征值或桩基的单桩承载力设计值和地基基础的施工要求等。

（6）施工要求，如对施工顺序、方法、质量标准的要求，与其他工种配合施工方面的要求等。

（7）选用的标准图集。

(8) 其他必要的说明。

2. 基础图

基础图是建筑物正负零标高以下的结构图。它是施工放线、开挖基槽（坑）、基础施工、计算基础工程量的依据。

基础图一般包括基础平面图和基础详图。桩基础还包括桩位平面图，工业建筑还包括设备基础布置图。

3. 结构平面布置图

楼、屋盖等结构平面布置图是房屋承重结构的整体布置图，表示结构构件的位置、数量、型号及相互关系，是预制楼（屋）盖梁、板安装，现浇楼（屋）盖现场支模、钢筋绑扎、浇筑混凝土的依据。

结构平面布置图要求的内容如下：

(1) 楼层结构平面布置图，工业建筑还包括柱网、吊车梁、柱间支撑布置图。

(2) 屋顶结构平面布置图，工业建筑还包括屋面板、天沟、屋架、屋面支撑系统布置图。

4. 结构详图

结构详图包括梁、板、柱等构件详图，楼梯详图，屋架详图，模板、支撑、预埋件详图以及构件标准图等。

1.3.3 平法识图基础知识

用钢筋混凝土制成的梁、柱、楼板、基础等构件组成的结构物，称为钢筋混凝土结构。

1. 常用构件代号

为了使图示简便，结构施工图中构件的名称一般用代号来表示，代号后应用阿拉伯数字标注该构件的型号或编号，也可为构件的顺序号。构件的顺序号采用不带角标的阿拉伯数字连续编排。常用构件代号是用各构件名称的汉语拼音第一个字母表示的。如，DJ_P代表独立坡形基础。

2. 板平法施工图

现浇混凝土楼盖板平法施工图，是在楼面板和屋面板布置图上，采用平面注写的方式表达，包括有梁楼盖板和无梁楼盖板。

板平面注写主要包括板块集中标注和板支座原位标注。

(1) 板块集中标注。板块集中标注的内容为板块编号、板厚、上部贯通纵筋、下部纵筋以及当板面标高不同时的标高高差。板块编号按表1-4的规定。

板厚注写为$h=\times\times\times$（为垂直于板面的厚度）；当悬挑板的端部改变截面厚度时，用斜线分隔根部与端部的高度值，注写为$h=\times\times\times/\times\times\times$。

纵筋按板块的下部纵筋和上部贯通纵筋分别注写，以B代表下部纵筋、T代表上部贯通纵筋，B&T代表下部与上部；X向纵筋以X开头，Y向纵筋以Y开头，两向纵筋配置相同时，以X&Y开头。

板面标高高差是指相对于结构层楼面标高的高差，将其注写在括号内，无高差时不标注。

表1-4 板块编号

板类型	代号	序号
楼面板	LB	××

续表

板类型	代号	序号
屋面板	WB	××
悬挑板	XB	××
注：延伸悬挑板的上部受力钢筋应与相邻跨内板的上部纵筋连通配置		

（2）板支座原位标注。板支座原位标注的内容为板支座上部非贯通纵筋和悬挑板上部受力钢筋。

3. 柱平法施工图

柱的平法表示方法有两种：一种是列表注写方式；另一种是截面注写方式。

（1）列表注写方式。列表注写方式就是在柱平面布置图上，分别在同一编号的柱中选择一个（有时需要选择几个）截面标注几何参数代号，然后在柱表中注写柱编号、柱段起止标高、几何尺寸与配筋的具体数值，并配以各种柱截面形状及箍筋类型图的方式，来表达柱平法施工图。

1）柱表中注写内容及相应的规定。

①柱编号。柱编号由类型代号和序号组成，见表1-5。

表1-5 柱的编号

柱类型	代号	序号
框架柱	KZ	××
转换柱	ZHZ	××
芯柱	XZ	××

②各段柱的起止标高。自柱根部往上以变截面位置或截面未变但配筋改变处为界分段注写。梁上起框架柱的根部标高是指梁顶面标高；剪力墙上起框架柱的根部标高为墙顶面标高。从基础起的柱，其根部标高是指基础顶面标高。当屋面框架梁上翻时，框架柱顶标高应为梁顶面标高。芯柱的根部标高是指根据结构实际需要而定的起始位置标高。

③几何尺寸。不仅要标明柱截面尺寸 $b \times h$（圆柱用直径数字前加 d 表示），而且还要标明柱截面与轴线的关系。

当柱的总高、分段截面尺寸和配筋均对应相同，仅截面与轴线的关系不同时，仍可将其编为同一柱号，另在图中注明截面与轴线的关系即可。

④柱纵筋。当柱纵筋直径相同，各边根数也相同时，将柱纵筋注写在"全部纵筋"一栏中，除此之外，柱纵筋分角筋、截面 b 边中部筋和 h 边中部筋三项分别注写（对称配筋的矩形截面柱，可仅注写一侧中部筋）。

⑤箍筋类型编号和箍筋肢数。选择对应的箍筋类型编号（在此之前要对绘制的箍筋分类图编号），在类型编号后续注写箍筋肢数（注写在括号内）。

⑥柱箍筋。包括钢筋级别、直径与间距。当箍筋分为加密区和非加密区时，用斜线"/"区分柱端箍筋加密区与柱身非加密区长度范围内箍筋的不同间距。当箍筋沿柱高全高为一种间距时，则不使用"/"。当框架节点核心区内箍筋与柱箍筋设置不同时，在括号内注明核心区箍筋

直径及间距。当圆柱采用螺旋箍筋时，需在箍筋前加"L"。

2）箍筋类型图以及箍筋复合的具体方式，须画在柱表的上部或图中的适当位置，在其上标注与柱表中相对应的截面尺寸，并编上类型号。

（2）截面注写方式。柱截面注写方式是在柱平面布置图的柱截面上，分别在同一编号的柱中选择一个截面，直接在该截面上注写截面尺寸和配筋具体数值。具体做法如下：对所有柱编号，从相同编号的柱中选择一个截面，按另一种比例原位放大绘制柱截面配筋图，并在配筋图上依次注明编号、截面尺寸、角筋或全部纵筋（当纵筋采用一种直径且能够图示清楚时）及箍筋的具体数值。当纵筋采用两种直径时，须再注写截面各边中部筋的具体数值；对称配筋的矩形截面柱，可只在一侧注写中部筋。图1-7所示为柱截面注写方式示例。

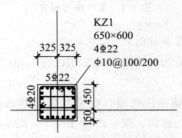

图 1-7　柱截面注写方式示例

4. 梁平法施工图

梁平法施工图是在梁平面布置图上采用平面注写方式或截面注写方式表达。采用平法表示梁的施工图时，需要对梁进行分类与编号，其编号的方法应符合表1-6中的规定。

表 1-6　梁编号

梁类型	代号	序号	跨数及是否带有悬挑	备注
楼层框架梁	KL	××	（××）、（××A）或（××B）	
楼层框架扁梁	KBL	××	（××）、（××A）或（××B）	
屋面框架梁	WKL	××	（××）、（××A）或（××B）	
框支梁	KZL	××	（××）、（××A）或（××B）	（××A）为一端悬挑，（××B）为两端悬挑，悬挑不计入跨数。如KL7（5A）表示7号框架梁，5跨，一端有悬挑梁
托柱转换梁	TZL	××	（××）、（××A）或（××B）	
非框架梁	L	××	（××）、（××A）或（××B）	
悬挑梁	XL	××	（××）、（××A）或（××B）	
井字梁	JZL	××	（××）、（××A）或（××B）	

（1）平面注写方式。平面注写方式包括集中标注与原位标注两部分。

集中标注——表达梁的通用数值；

原位标注——表达梁的特殊数值。

当集中的某项数值不适用于梁的某部位时，则将该项数原位标注。施工时原位标注取值优先。

1）集中标注。集中标注的形式如图1-8所示。

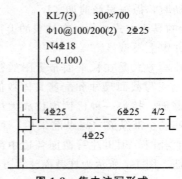

图 1-8 集中注写形式

①梁截面标注规则。当梁为等截面时，用 $b×h$ 表示。

②箍筋的标注规则。当箍筋分为加密区和非加密区时，用"/"分隔，肢数写在括号内，如果无加密区则不需用斜线。

③梁上部通长钢筋或架立钢筋标注规则。在梁上部既有通长钢筋又有架立筋时，用"+"连接标注，并将通长筋写在"+"前面，架立筋写在"+"后面并加括号。

④梁侧钢筋的标注规则。梁侧钢筋分为梁侧纵向构造钢筋（腰筋）和受扭纵筋。构造钢筋用大写字母 G 开头，接着标注梁两侧的总配筋量，且对称配置。

⑤梁顶高差的标注规则。梁顶高差是指梁顶与相应的结构层的高度差值，当梁顶与相应的结构层标高一致时，则不标此项；若梁顶与结构层存在高差时，则将高差值标入括号。例如（-0.05）表示梁顶低于结构层0.05 m；若为（0.05）表示梁顶高于结构层0.05 m。

2）原位标注。

①梁支座上部纵筋标注规则。该部位标注包括梁上部的所有纵筋，即包括通长筋。

当梁上部纵筋不止一排时用"/"将各排纵筋从上自下分开。当同排纵筋有两种直径时，用"+"将两种规格的纵筋相连表示，并将角部钢筋写在"+"前面。

②梁下部纵向钢筋标注规则。当梁下部纵向钢筋多于一排时，用"/"将各排纵向钢筋自下而上分开。当同排纵筋有两种直径时，用"+"相连，角筋写在"+"前面。当梁下部纵向钢筋不全部伸入支座时，将不伸入梁支座的下部纵筋数量写在括号内。

当梁上部和下部均为通长钢筋，而在集中标注时已经注明，则不需在梁下部重复做原位标注。

（2）截面注写方式。梁的截面注写方式是在按层绘制的梁平面布置图上，分别在不同编号的梁中各选择一根梁用剖面号引出配筋图，并在剖面上注写截面尺寸和配筋的具体数值的方式。这种表达方式适用于表达异型截面梁的尺寸与配筋，或平面图上梁距较密的情况。

截面注写方式可以单独使用，也可以与平面注写方式结合使用。当梁距较密时，也可以将较密的部分按比例放大采用平面注写方式。

5. 剪力墙平法施工图

剪力墙的平法表示与柱的平法表示类似，也分为截面注写方式和列表注写方式，采用这两种表示方法均在平面布置图上进行。当剪力墙比较复杂或采用截面注写方式时，应按标准层分别绘制剪力墙的平面布置图，并应注明各结构层的楼面标高、结构层高及相应的结构层号，对于轴线未居中的剪力墙（包括端柱）应标注其偏心定位尺寸。

(1) 构件的编号规则。剪力墙构件的编号规则见表 1-7。

表 1-7 剪力墙构件编号

构件类型		代号	序号
墙柱	约束边缘构件	YBZ	××
	构造边缘构件	GBZ	××
	非边缘暗柱	AZ	××
	扶壁柱	FBZ	××
墙梁	连梁	LL	××
	连梁（高跨比不小于 5）		
	连梁（对角暗撑配筋）	LL（JC）	××
	连梁（对角斜筋配筋）	LL（JX）	××
	连梁（集中对角斜筋配筋）	LL（DX）	××
	暗梁	AL	××
	边框梁	BKL	××

注：在具体工程中，当某些墙身需要设置暗梁或边框梁时，宜在剪力墙平法施工图中，绘制其平面位置并编号以明确具体位置

(2) 列表注写方式。剪力墙列表注写方式指分别在剪力墙柱表、剪力墙身表和剪力墙梁表中，对应于剪力墙平面布置图上的编号，用绘制截面配筋图并注写几何尺寸与配筋具体数值的方式，来表示剪力墙平法施工图。剪力墙列表注写方式需要画出结构层楼面标高、结构层高表、暗梁或边框梁布置简图。

6. 楼梯结构施工图

现浇混凝土板式楼梯由梯板、平台板、梯梁、梯柱等构件组成，以下主要介绍梯板平法施工图的表示方法，平台板、梯梁、梯柱的表达方式与前述板、梁、柱相同。

现浇混凝土板式楼梯平法施工图有平面注写、剖面注写和列表注写三种表达方式。

(1) 梯段板的类型。

《混凝土结构施工图平面整体表示方法制图规则和构造详图（现浇混凝土板式楼梯）》(22G10-12) 包含 14 种类型的楼梯，梯板类型代号依次为 AT、BT、CT、DT、ET、FT、GT、ATa、ATb、ATc、BTb、CTa、CTb、DTb。

(2) 平面注写方式。平面注写方式是在楼梯平面布置图上，注写截面尺寸和配筋具体数值的方式来表达楼梯施工图，包括集中标注和外围标注。

1) 集中标注。集中标注的内容及注写方式如下：

①梯板类型代号与序号，如 AT××。

②梯板厚度，注写为 $h=×××$。当为带平板的梯板，且梯段板厚度与平板厚度不同时，可在梯段板厚度后面括号内以字母 P 开头注写平板厚度。

③踏步段总高度和踏步级数，两者间以"/"分隔。

④梯板上部纵筋和下部纵筋,两者间以";"分隔。

⑤梯板分布筋,以 F 开头注写分布钢筋具体数值。该项可以在图中统一说明。

2)外围标注。楼梯外围标注的内容包括楼梯间的平面尺寸、楼层结构标高、层间结构标高、楼梯的上下方向、梯板的平面几何尺寸,以及平台板、梯梁、梯柱的配筋。

(3)剖面注写方式。剖面注写方式需在楼梯平法施工图中绘制楼梯平面布置图和剖面图,注写方式分平面图注写、剖面图注写两部分。

楼梯平面布置图注写内容,包括楼梯间的平面尺寸、楼层结构标高、层间结构标高、楼梯的上下方向、梯板的平面几何尺寸,梯板类型及编号,以及平台板、梯梁、梯柱的配筋等。

楼梯剖面图注写内容,包括梯板集中标注、梯梁梯柱编号、梯板水平及竖向尺寸、楼层结构标高、层间结构标高等。

梯板集中标注内容有四项:

1)梯板类型及编号,如 AT××。

2)梯板厚度,注写形式同平面注写。

3)梯板配筋,注明梯板上部纵筋和下部纵筋,两者间以";"分隔。

4)梯板分布筋,注写方式与平面注写方式相同。

7. 基础施工图

常用于钢筋混凝土房屋的基础形式较多,本节仅介绍独立基础、柱下条形基础和桩基础、筏形基础的施工图。

(1)独立基础。独立基础平法施工图有平面注写、截面注写和列表注写三种表达方式。独立基础的平面注写方式,分为集中标注和原位标注两部分内容。

1)集中标注。集中标注,是在基础平面图上集中引注:基础编号、截面竖向尺寸、配筋三项必注内容,以及基础底面标高(与基础底面基准标高不同时)和必要的文字注解两项选注内容。

①基础编号。独立基础编号按表 1-8 中的规定执行。

②竖向截面尺寸。阶形截面普通独立基础竖向尺寸的标注形式为 $h_1/h_2/h_3$。

③配筋。普通独立基础和杯口独立基础的底部双向配筋注写规定:以 B 代表各种独立基础底板的底部配筋;x 向配筋以 X 开头、y 向配筋以 Y 开头注写;当两向配筋相同时,则以 X&Y 开头注写。

表 1-8 独立基础编号

类型	基础底板截面形状	代号	序号
普通独立基础	阶形	DJj	××
	锥形	DJz	××
杯口独立基础	阶形	BJj	××
	锥形	BJz	××

2)原位标注。钢筋混凝土和素混凝土独立基础的原位标注,是在基础平面布置图上标注独立基础的平面尺寸。

(2)条形基础。条形基础的平法施工图有平面注写和列表注写两种表达方式。条形基础编号按表 1-9 中的规定执行。

1)基础梁的平面注写方式。基础梁 JL 的平面注写方式,分集中注写和原位标注两部分内容。

基础梁的集中标注内容为基础梁编号、截面尺寸、配筋三项必注内容，以及基础梁底面标高（与基础底面基准标高不同时）和必要的文字注解两项选注内容。

表1-9　条形基础梁及底板编号

类型		代号	序号	跨数及有否外伸
基础梁		JL	××	（××）端部无外伸
条形基础底板	坡形	TJBp	××	（××A）一端有外伸
	阶形	TJBj	××	（××B）两端有外伸

2）条形基础底板的平面注写方式。条形基础底板TJBp、TJBj的平面注写方式，分集中标注和原位标注两部分内容。

条形基础底板的集中标注内容为条形基础底板编号、截面竖向尺寸、配筋三项必注内容，以及条形基础底板底面标高（与基础底面基准标高不同时）和必要的文字注解两项选注内容。

（3）桩基承台。桩基承台分为独立承台和承台梁，编号符合表1-10和表1-11中的规定。

表1-10　独立承台编号

类型	独立承台截面形状	代号	序号	说明
独立承台	坡形	CTj	××	单阶截面即为平板式独立承台
	锥形	CTp	××	

表1-11　承台梁编号

类型	代号	序号	跨数及有否悬挑
承台梁	CTL	××	（××）端部无外伸 （××A）一端有外伸 （××A）两端有外伸

1）独立承台的平面注写方式。独立承台的平面注写方式，分为集中标注和原位标注两部分内容。

独立承台的集中标注，是在承台平面上集中引注：独立承台编号、截面竖向尺寸、配筋三项必注内容，以及承台板底面标高（与承台底面基准标高不同时）和必要的文字注解两项选注内容。

独立承台的原位标注，是在桩基承台平面布置图上标注独立承台的平面尺寸。

2）承台梁的平面注写方式。承台梁CTL的平面注写方式，分集中标注和原位标注两部分内容。

承台梁的集中标注内容为承台梁编号、截面尺寸、配筋三项必注内容，以及承台梁底面标高（与承台底面基准标高不同时）和必要的文字注解两项选注内容。

（4）筏形基础。筏形基础又称筏片基础、筏板基础、满堂红基础，其形式有梁板式和平板式两种类型。梁板式又可细分为交梁式和梁式，板式也可以细分为板顶加礅或板底加礅式。框架结构一般采用交梁式筏板基础。

1) 梁板式筏形基础。梁板式筏形基础平法施工图,是在基础平面布置图上采用平面注写方式表达。

梁板式筏形基础由基础主梁、基础次梁、基础平板等构成,其构件编号按表 1-12 中的规定执行。

表 1-12 梁板式筏形基础构件编号

构件类型	代号	序号	跨数及有否外伸
基础主梁(柱下)	JL	××	(××)或(××A)或(××B)
基础次梁	JCL	××	(××)或(××A)或(××B)
梁板式筏形基础平板	LPB	××	—

注:(××)端部无外伸,(××A)一端有外伸,(××A)两端有外伸。

2) 平板式筏形基础。平板式筏形基础由柱下板带、跨中板带组成,其构件编号按表 1-13 中的规定执行。

表 1-13 平板式筏形基础构件编号

构件类型	代号	序号	跨数及有否外伸
柱下板带	ZXB	××	(××)或(××A)或(××B)
跨中板带	KZB	××	(××)或(××A)或(××B)
平板式筏形基础平板	BPB	××	—

注:(××)端部无外伸,(××A)一端有外伸,(××A)两端有外伸。

1.4 房屋构造基础知识

本书需要掌握的主要内容包括民用建筑的分类分级,民用建筑的构造方式、影响构造方式的因素,以及构造原则。如果学生需要了解详细情况,可自行参考教材和相关资源。

实 训

1.1 实训目标及要求

从岗位能力分析出发设置课程实践性教学环节,以满足职业岗位需求目标为原则,循序渐进,根据学生所需的识图技能建立了4个教学模块,同时兼顾1条基础训练主线,培养学生的基本素质能力,实训指导因材施教。使学生在实践性教学环节中发现、分析、研究和解决有关实际问题,提高学生的基本素质岗位职业适应能力。通过实训,学生应具备:

(1) 建筑形体和建筑构件的基本识绘能力。

(2) 识读和绘制建筑工程图的能力以及团结协作解决问题的能力。

(3) 对民用建筑房屋构造的认知能力,具有研究各个与之相关的构造知识点在工程图样和实际中的综合应用能力、创新能力以及构造详图的表达能力。

(4) 图纸识读会审等综合素质能力。

1.2 实训内容

如果自己是施工单位的技术人员,将要承建某商用住宅楼的施工任务,现有该工程的施工图纸一套。首要任务是把图纸表达的内容完全读懂,以便后期指导施工。

1. 建筑施工图识读模块

常用建筑强制性条文,建筑总平面,建筑设计说明,建筑平、立、剖面,建筑详图。

2. 结构施工图识读模块

常用结构强制性条文,结构设计总说明,天然地基与人工地基、地下室、柱(墙)、梁板结构详图。

3. 房屋构造模块

实测常用的砖混结构,或框架结构建筑,或房屋建筑模型,或根据某建筑方案图,综合民用建筑构造以及相关知识,绘制建筑施工图、结构平面图。

4. 图纸审查及图纸会审模拟模块

(1) 建筑图、结构图、设备图综合识读,进行图纸审查。

(2) 熟悉施工图会审程序,进行会审现场模拟,编制会审纪要。

1.3 实训组织及实施

1.3.1 读懂一个工程的建筑施工图,理解设计意图和施工要求

1. 相关支撑知识

(1) 施工图的作用、施工图分类、图纸编排、常用制图标准、施工图识读方法和技巧。

(2) 建筑设计总说明、建筑总平面图、建筑各层平面图、建筑立面图、建筑剖面图、建筑详图的内容及表达方式。

2. 训练方式手段及步骤

(1) 训练方式:在教师指导下识读一套建筑施工图。

(2) 训练步骤。

1）介绍工作任务，项目概况。
2）分组识读建筑总说明、建筑总平面图，讨论并回答问题，教师点评。
3）分组识读建筑各层平面图、建筑立面图、建筑剖面图、建筑详图，讨论并回答问题，教师点评。
4）建筑施工图整体识读，讨论并回答问题，教师点评。

1.3.2 读懂一个工程的结构施工图，理解设计意图和施工要求

1. 相关支撑知识

（1）结构设计总说明中有关工程概况、设计依据、材料强度、一般构造要求、施工要求、标准图集及强调说明的内容。

（2）基础设计说明、工程地质勘察报告、基础施工图的内容及表达方式。

（3）结施平面图的构成和作用，柱（剪力墙）平法施工图、梁平法施工图、板结构施工图的内容及表达方式。

（4）楼梯详图及构件节点详图的内容及表达方式。

2. 训练方式手段及步骤

（1）训练方式：在教师指导下识读一套结构施工图。

（2）训练步骤。

1）分组识读结构设计总说明，讨论并回答问题，教师点评。
2）分组识读基础设计说明、工程地质勘察报告、基础施工图，讨论并回答问题，教师点评。
3）分组识读柱（剪力墙）平法施工图、梁平法施工图、板结构施工图，讨论并回答问题，教师点评。
4）分组识读楼梯详图及构件节点详图，讨论并回答问题，教师点评。

1.3.3 读懂一个工程的全套施工图，找出前后联系，绘制建筑、结构平面图

1. 相关支撑知识

（1）结构设计总说明中有关工程概况、设计依据、材料强度、一般构造要求、施工要求、标准图集及强调说明的内容。

（2）基础设计说明、工程地质勘察报告、基础施工图的内容及表达方式。

（3）结施平面图的构成和作用，柱（剪力墙）平法施工图、梁平法施工图、板结构施工图的内容及表达方式。

2. 训练方式手段及步骤

（1）训练方式：在教师指导下进行施工图自审并进行施工图绘制。

（2）训练步骤。

1）分组识读建筑及结构施工图。
2）对照建筑图中的底层平面图检查轴线网，两者必须一致。其内容包括轴线位置、编号、轴线尺寸应正确无误。
3）根据建施底层平面的墙柱布置，检查基础梁、柱等构件的布置和定位尺寸是否正确，有无遗漏，基础布置应使基础平面形成封闭状。
4）根据相应建施平面图的房间分隔、墙柱布置，检查梁的平面布置是否合理，梁轴线定位尺寸是否齐全、正确。仔细检查每一根梁编号、跨数、截面尺寸、配筋、相对标高。
5）检查各构件的尺寸是否标注齐全，有无遗漏和错误，钢筋的构造是否满足规范要求。

6）根据给定建筑方案图，综合民用建筑构造以及相关知识，绘制竣工图或建筑施工图。

1.3.4 读懂一个工程的全套施工图，进行图纸自审及会审模拟

1. 相关支撑知识

（1）图纸会审的流程。

（2）施工图表达、施工技术相关知识。

2. 训练方式手段及步骤

（1）训练方式：在教师的指导下进行模拟图纸会审。

（2）训练步骤。

1）分组参加图纸会审。

2）各组成员内部分别分担建设单位、监理单位、设计单位、施工单位，组织开展图纸会审工作。

3）业主或监理方主持人发言→设计方图纸交底→施工方、监理方代表提问题→逐条研究→形成会审记录文件→签字、盖章后生效。

4）施工方及设计方专人对提出和解答的问题做好记录，以便查核，还要整理成图纸会审记录，由各方代表签字盖章认可。

1.3.5 时间安排表

1. 课程内容设计

课程内容设计见表 1-14。

表 1-14 课程内容设计

序号	模块名称	模块内容	学时
1	建筑施工图识读模块	常用建筑强制性条文，建筑总平面，建筑设计说明，建筑平、立、剖面，建筑详图	6
2	结构施工图识读模块	常用结构强制性条文，结构设计总说明，天然地基与人工地基、地下室、柱（墙）、梁板结构详图	6
3	图纸审查及绘制模块	建筑图、结构图、设备图综合识读，进行图纸审查和绘制	6
4	图纸会审模拟模块	熟悉施工图会审程序，进行会审现场模拟，编制会审纪要	6

2. 能力训练项目设计

能力训练项目设计见表1-15。

表1-15 能力训练项目设计

编号	能力训练项目	拟实现的能力目标	相关支撑知识	训练方式手段及步骤	成果（可展示）	实训时间	指导教师
1	建筑施工图识读	能读懂一个工程的建筑施工图，理解设计意图和施工要求	（1）施工图的作用、施工图分类、图纸编排、常用制图标准、施工图识读方法和技巧。 （2）建筑设计总说明、建筑总平面图、建筑各层平面图、建筑立面图、建筑剖面图、建筑详图的内容及表达方式	训练方式：在教师指导下识读一套建筑施工图。 训练步骤： （1）介绍工作任务、项目概况。 （2）分组识读建筑设计总说明、建筑总平面图，讨论并回答问题，教师点评。 （3）分组识读建筑各层平面图、建筑立面图、建筑剖面图、建筑详图，讨论并回答问题，教师点评。 （4）建筑施工图整体识读、讨论并回答问题，教师点评。	识图记录		
2	结构施工图识读	能读懂一个工程的结构施工图，理解设计意图和施工要求	（1）结构设计总说明中有关工程概况、设计依据、材料强度、一般构造要求、施工要求、标准图集及强调说明的内容。 （2）基础设计说明、工程地质勘察报告、基础施工图的内容及表达方式。 （3）结构平面图的构成和作用，柱（剪力墙）平法施工图、梁平法施工图、板结构施工图的内容及表达方式。 （4）楼梯详图及构件节点详图的内容及表达方式	训练方式：在教师指导下识读一套结构施工图。 训练步骤： （1）分组识读结构设计总说明，工程地质勘察报告，教师点评。 （2）基础施工图，讨论并回答问题，教师点评。 （3）分组识读柱（剪力墙）平法施工图、梁平法施工图、板结构施工图，讨论并回答问题，教师点评。 （4）分组识读楼梯详图及构件节点详图，讨论并回答问题，教师点评	识图记录		

续表

编号	能力训练项目	拟实现的能力目标	相关支撑知识	训练方式手段及步骤	成果（可展示）	实训时间	指导教师
3	图纸审查及绘制	能读懂一个工程的全套施工图，找出前后联系、矛盾及设计差错，进行图纸自审	（1）结构设计总说明中有关工程概况、设计依据、材料强度、一般构造要求、施工要求、标准图集及强调说明的内容。 （2）基础设计说明、工程地质勘察报告、基础施工图的内容及表达方式。 （3）结施平面图的构成和作用，柱（剪力墙）平法施工图、梁平法施工图、板结构施工图的内容及表达方式	训练方式：在教师指导下进行施工图自审。 训练步骤： （1）分组识读建筑及结构施工图。 （2）对照建筑图中的底层平面图检查轴线网，两者必须一致。包括轴线位置、编号、轴线尺寸应正确无误。 （3）根据建施底层平面的墙柱布置，检查基础梁、柱等构件的布置和定位尺寸是否正确，有无遗漏，基础布置应使基础平面形成封闭状。 （4）根据相应建施平面图的房间分隔、墙柱布置，检查梁的平面布置是否合理，梁轴线定位尺寸是否齐全、正确。仔细检查每一根梁编号、跨数、截面尺寸、配筋、相对标高。 （5）检查各构件的尺寸是否标注齐全，有无遗漏和错误。钢筋的构造是否满足规范要求。 （6）根据给定建筑方案图，综合民用建筑构造以及相关知识，绘制竣工图或建筑施工图	图纸及图纸审查记录		
4	图纸会审模拟	能根据工程实际情况参加和组织图纸会审，提出各类问题和修改建议；能填写图纸会审记录	（1）图纸会审的流程。 （2）施工图表达、施工技术相关知识	训练方式：在教师指导下模拟图纸会审 训练步骤： （1）分组参加图纸会审。 （2）各组成员内部分别分担建设单位、监理单位、设计单位、施工单位，组织开展图纸会审工作。 （3）业主或监理方主持人发言→设计方图纸交底→施工方、监理方代表提问题→逐条研究→形成会审记录文件→签字、盖章后生效。 （4）施工方及设计方专人对提出和解答的问题做好记录，以便查核，整理成为图纸会审记录，由各方代表签字盖章认可	图纸会审记录		

附 件

1. 考核方案
考核成绩由两部分内容组成。
（1）平时成绩（40%）：包括平时到课、课堂讨论的积极情况。
（2）实训成果（60%）：各分项实训成绩，从实训态度和实训成果两方面评定。

2. "1＋X"建筑工程识图
"1＋X"建筑工程识图职业技能等级标准。

3. 项目资料及参考资料
（1）《建筑识图与构造》，朱剑萍主编，机械工业出版社，2015年。
（2）《建筑制图标准》（GB/T 50104—2010）。
（3）《建筑结构制图标准》（GB/T 50105—2010）。
（4）《混凝土结构施工图平面整体表示方法制图规则和构造详图》（22G101）。
（5）图纸：上海城建职业学院D楼施工图。

4. 综合能力训练考核表
综合能力训练考核表见附表1-1。

附表1-1 综合能力训练考核表

实测常用的砖混结构或框架结构建筑，或房屋构造模型，或根据某建筑方案图，综合民用建筑构造及相关知识，绘制建筑平面图、结构平面图

班级＿＿＿＿＿＿＿＿ 任课教师＿＿＿＿＿＿＿＿ 日期＿＿＿＿＿＿＿＿

序号	学生姓名	考核方式	评价内涵及能力要求				评分	权重	成绩
			出勤率	训练表现	训练内容质量及成果	问题答辩			
			只扣分不加分	10分	60分	30分			
			1. 迟到一次扣2分，旷课一次扣5分。2. 缺课1/3学时以上该专项能力不记分	1. 学习态度端正（4分）。2. 积极思考问题、动手能力强（5分）	1. 满足任务书深度要求（20分）。2. 符合国家有关制图标准要求（尺寸标注齐全、字体端正整齐、线型粗细分明）（10分）。3. 投影关系正确、图示内容表达完善（10分）。4. 运用科学方法（10分）。5. 布图适中、匀称、美观、图面表达清晰（5分）。6. 按顺序装订成册（5分）	1. 正确回答问题（20分）。2. 结合实践、灵活运用（10分）			
1		学生自评						30%	
		学生互评						30%	
		专家教师综合点评						40%	
2									

项目 2

工程测量实训

通过实践教学，学生系统掌握常见测量仪器的使用和基本测量、小区域控制测量及施工测量的技能，进一步培养测量实践操作能力和在测量工作中分析问题和解决问题的能力。在工作中，学生应能适应测量员、施工员、监理员中工程测量相关岗位的要求。

知识目标

(1) 掌握地面点位确定的方法，熟悉工程测量的基本内容和基本原则。
(2) 掌握角度测量的基本原理，掌握水平角测量和竖直角测量。
(3) 掌握闭合导线测量外业观测和内业数据处理的方法。
(4) 掌握闭合四等水准测量的施测方法和内业计算。
(5) 掌握施工测量外业观测和内业数据处理的方法。

能力目标

(1) 具备操作 DSZ3 型水准仪的能力。
(2) 具备全站仪的安置和使用的能力。
(3) 具备角度测量的外业观测和内业数据处理的能力。
(4) 具备距离测量的外业观测和内业数据处理的能力。
(5) 具备坐标测量的外业观测和内业数据处理的能力。
(6) 具备四等水准测量外业观测和内业数据处理的能力。
(7) 具备小区域平面控制测量的能力。
(8) 具备小区域高程控制测量的能力。
(9) 具备解读图纸、获取点位信息的能力。
(10) 具备根据已知数据和要求，施工放样的计算和操作能力。
(11) 具备建筑物轮廓线特征点位测设的能力。

素质目标

培养学生具备工程测量人员的法律意识，严谨求实、一丝不苟的职业精神，以及良好的团队作风和协作能力，增强专业及职业素养，提高学习能力。

基础知识

本部分理论知识只是实训学习的引导，详细知识的学习自行查阅相关资料。

工程测量是研究各种工程在规划设计、施工建设和运营管理阶段所进行的各项测量工作的学科，按工程建设进行的程度分为规划设计阶段测量、施工阶段测量、竣工阶段测量和营运管理阶段测量。

无论是测绘地形图还是施工放样，为减少误差累积，保证测区内所测点的必要精度，均要遵循"从整体到局部，先控制后碎部，从高级到低级"的原则。

2.1 小区域控制测量相关基础知识

2.1.1 控制测量的基本概念

（1）控制网：在测区内选定若干具有控制作用的点（控制点）按一定的规律组成网状就称为控制网。

（2）控制测量：用比较精密的测量仪器、工具和高精度的测量方法，精确测定控制点的平面和高程的工作，称为控制测量。控制测量分为平面控制测量和高程控制测量，前者即精密测定点平面位置（x, y）的工作；后者即精密测定控制点高程（H）的工作。

（3）平面控制测量。平面控制测量的主要方法有三角测量和导线测量。

1）三角测量。按照规范要求，在地面上选择一系列具有控制作用的控制点组成互相连接的三角形，若三角形排列成条状，称为三角锁；若扩展成网状，称为三角网。在全国范围内统一建立的三角网，称为国家平面控制网。国家平面控制网按精度从高到低分为一、二、三、四等四个等级。

2）导线测量。所谓，导线就是由测区内选定的控制点组成的连续折线。导线测量主要是测定导线边长及其转折角，然后根据起始点的已知坐标和起始边的坐称位角，计算各导线点的坐标。

导线测量分为四个等级，即一、二、三、四等。其中，一、二等导线为精密导线。

（4）高程控制测量。高程控制测量就是在测区布设高程控制点，即水准点，用精确方法测定它们的高程，构成高程控制网。高程控制测量的主要方法有水准测量和三角高程测量。

国家高程控制网是用精密水准测量方法建立的，所以又称国家水准网。国家水准网的布设也是采用从整体到局部，由高级到低级，分级布设逐级控制的原则。国家水准网分为4个等级。城市高程控制网是用水准测量方法建立的，称为城市水准测量。水准测量按其精度要求分为二、三、四、五等水准和图根水准。根据测区的大小，各级水准均可首级控制。首级控制网应布设成环形路线，加密时宜布设成附合路线或结点网。在丘陵或山区，高程控制量测边可采用三角高程测量。光电测距三角高程测量现已用于（代替）四、五等水准测量。

2.1.2 小区域平面控制测量相关基础知识

此处重点介绍导线测量。

导线测量是建立城市或区域平面控制网最常用的一种方法，特别是在地物分布复杂的建筑区、视线障碍较多的隐蔽区和道路、河道等带状地区,多采用导线测量的方法。导线测量一般应有 1~2 套起算数据(一套起算数据包括一个已知点的 x、y 和一条边的已知方位角),按照一定形式布设,通过外业观测和内业计算,求出未知导线点的坐标。

1. 导线的布设形式

将测区内相邻控制点用直线连接而构成的折线图形称为导线。构成导线的控制点,称为导线点。导线测量就是依次测定各导线边的长度和各转折角值,再根据起算数据,推算出各边的坐标方位角,从而求出各导线点的坐标。

(1) 附合导线。如图 2-1 所示,导线起始于一个已知控制点,而终止于另一个已知控制点。控制点上可以有一条边或几条边是已知坐标方位角的边,也可以没有已知坐标方位角的边。

(2) 闭合导线。如图 2-2 所示,由一个已知控制点出发,最后仍旧回到这一点,形成一个闭合多边形。在闭合导线的已知控制点上必须有一条边的坐标方位角是已知的。

(3) 支导线。如图 2-3 所示,从一个已知控制点出发,既不附合到另一个控制点,也不回到原来的始点。由于支导线没有检核条件,故一般只限于地形测量的图根导线中采用。

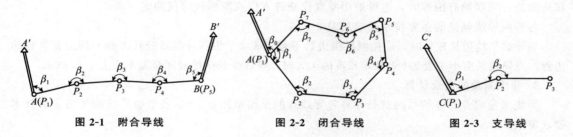

图 2-1　附合导线　　　　　图 2-2　闭合导线　　　　　图 2-3　支导线

2. 导线测量的外业工作

导线测量的外业包括踏勘、选点、埋石、造标、测角、测边、测定方向。

(1) 踏勘、选点及埋设标志。踏勘是为了了解测区范围、地形及控制点情况,以便确定导线的形式和布置方案;选点应考虑便于导线测量、地形测量和施工放样。选点的原则如下:

1) 相邻导线点间必须通视良好。

2) 等级导线点应便于加密图根点,导线点应选在地势高、视野开阔便于碎步测量的地方。

3) 导线边长大致相同。

4) 密度适宜、点位均匀、土质坚硬、易于保存和寻找。

选好点后应直接在地上打入木桩。桩顶钉一小铁钉或画"+"作为点的标志。必要时在木桩周围灌上混凝土。如导线点需要长期保存,则应埋设混凝土桩或标石。埋桩后应统一进行编号。为了便于今后查找,应量出导线点至附近明显地物的距离。绘出草图,注明尺寸,称为点之记。

(2) 测水平角。导线转折角是指在导线点上由相邻导线边构成的水平角。导线转折角分为左角和右角,在导线前进方向左侧的水平角称为左角,右侧的水平角称为右角。可测左角,也可测右角,闭合导线测内角。如果观测没有误差,在同一个导线点测得的左角与右角之和应等于 360°。图根导线的转折角可以用 DJ6 经纬仪测回法观测一回,应统一观测左角或测右角,对于闭合导线,一般是观测闭合多边形的内角,以逆时针为前进方向,所测左角即闭合多边形的内角。

水平角观测宜使用全站仪,全站仪的主要技术指标宜符合下列规定:

1) 照准部旋转轴正确性指标应按管水准器气泡或电子水准器长气泡在各位置的读数较差衡量,对于 0.5 级和 1 级仪器不应超过 0.3 格,2 级仪器不应超过 1 格,6 级仪器不应超过 1.5 格;

2）望远镜视轴不垂直于横轴指标值，对于 0.5 级和 1 级仪器不应超过 6，2 级仪器不应超过 8，6 级仪器不应超过 10；

3）全站仪的补偿器在补偿区间，对观测成果的补偿应满足要求；

4）光学（激光）对中器的视轴（激光束）与坚轴的重合偏差不应大于 1 mm。

测回内 2C 互差或同一方向值各测回较差超限时，应重测超限方向。并应联测零方向；每日观测结束后，应对外业记录手簿进行检查，当使用电子记录时，应保存原始观测数据，应打印输出相关数据和预先设置的各项限差。

（3）测边。传统导线边长可采用钢尺、测距仪（气象、倾斜改正）、视距法等方法。图根导线边长可以使用检定过的钢尺丈量或检定过的光电测距仪测量。钢尺量距宜采用双次丈量方法，其较差的相对误差不应大于 1/3 000。钢尺的尺长改正数大于 1/10 000 时，应加尺长改正；量距时平均尺温与检定时温度相差大于 ±10 ℃ 时，应进行温度改正；尺面倾斜大于 1.5% 时，应进行倾斜改正。控制网的边长宜采用全站仪测距。

（4）测定方向。测区内有国家高级控制点时，可与控制点连测推求方位，包括测定连测角和连测边；当联测有困难时，也可采用罗盘仪测磁方位或陀螺经纬仪测定方向。

各等级导线测量的主要技术要求见表 2-1。

当导线平均边长较短时，应控制导线边数不超过表 2-1 相应等级导线长度和平均边长算得的边数；当导线长度小于表 2-1 表规定长度的 1/3 时，导线全长的绝对闭合差不应大于 0.13 m。

3. 导线测量的内业计算

导线测量内业计算的目的就是计算各导线点的平面坐标 x、y。各等级导线测量的主要技术要求见表 2-1。

表 2-1 各等级导线测量的主要技术要求

等级	导线长度/km	平均边长/km	测角中误差/（″）	测距中误差/mm	测回数			方位角闭合差/（″）	导线全长相对闭合差
					0.5″级仪器	1″级仪器	2″级仪器		
三等	14	3	1.58	20	8	12	—	$3.6\sqrt{n}$	≤1/55 000
四等	9	1.5	2.5	18	4	6	—	$5\sqrt{n}$	≤1/35 000
一级	4	0.5	5	15	—	2	4	$10\sqrt{n}$	≤1/15 000
二级	2.4	0.25	8	15	—	1	3	$16\sqrt{n}$	≤1/10 000
三级	1.2	0.1	12	15	—	1	2	$24\sqrt{n}$	≤1/5 000
图根	≤1.0M			30				$60\sqrt{n}$	≤1/2 000

注：① n 为测站数，M 为测图比例尺分母。
② 图根测角中误差为 ±30″，首级控制为 ±30″，方位角闭合差一般为 ±2 级仪器 $60\sqrt{n}$，首级控制为 $40\sqrt{n}$。
③ 当测区测图的最大比例尺为 1:1 000 时，三级导线的导线长度、平均边长可放长，但长度不应大于表中规定相应长度的 2 倍。

计算之前，应先全面检查导线测量外业记录、数据是否齐全，有无记错、算错，成果是否符合精度要求，起算数据是否准确。然后绘制计算略图，将各项数据注在图上的相应位置。

（1）坐标正算和反算。坐标正算是根据已知点的坐标、已知边长和方位角计算未知点的坐标。如图 2-4 所示，设 A 点为已知点，B 点为未知点。当 A 点坐标，边长 D_{AB}，坐标方位角

$α_{AB}$ 均为已知时,求 B 点的坐标,称为坐标正算问题。由图 2-4 可求得 B 点坐标。

由图可知:
$$\begin{cases} x_B = xA + \Delta x_{AB} \\ y_B = yA + \Delta y_{AB} \end{cases}$$

直线两端点 A、B 的坐标值之差,是边长在坐标轴上的投影,称为坐标增量,用 Δx_{AB}、Δy_{AB} 表示。即

$$\begin{cases} \Delta x_{AB} = D_{AB} \times \cos \alpha_{AB} \\ \Delta y_{AB} = D_{AB} \times \sin \alpha_{AB} \end{cases}$$

Δx_{AB}、Δy_{AB} 的正负取决于 $\cos α$、$\sin α$ 的符号,要根据 $α$ 的大小、所在象限来判别。按上式又可写成

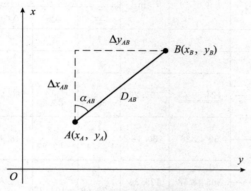

图 2-4 坐标正算和反算

$$\begin{cases} x_B = x_A + \Delta x_{AB} = x_A + D_{AB} \times \cos \alpha_{AB} \\ y_B = y_A + \Delta y_{AB} = y_A + D_{AB} \times \sin \alpha_{AB} \end{cases}$$

根据两个已知点的坐标,计算边长和方位角称为坐标反算。如图 2-4 所示,设已知两点 A、B 的坐标,求边长 D_{AB} 和坐标方位角 $α_{AB}$,称为坐标反算。则可得

$$\begin{cases} \Delta x_{AB} = x_B - x_A \\ \Delta y_{AB} = y_B - y_A \end{cases}$$

$$\tan \alpha_{AB} = \frac{\Delta y_{AB}}{\Delta x_{AB}}$$

则可得 $\alpha_{AB} = \arctan^{-1} \dfrac{\Delta y_{AB}}{\Delta x_{AB}}$ $D_{AB} = \dfrac{\Delta y_{AB}}{\sin \alpha_{AB}} = \dfrac{\Delta x_{AB}}{\cos \alpha_{AB}} = \sqrt{(x_B - x_A)^2 + (y_B - y_A)^2}$

由上式求得的 $α$ 可在四个象限之内,它由 Δx 和 Δy 的正负符号确定。根据上式计算坐标增量时,$\sin$ 和 $\cos$ 函数值随着 $α$ 角所在象限而有正负之分,因此算得的坐标增量同样具有正、负号。坐标增量正、负号的规律见表 2-2。

表 2-2 坐标增量正、负号的规律

象限	坐标方位角 $α$	Δx	Δy
I	0°~90°	+	+
II	90°~180°	−	+
III	180°~270°	−	−
IV	270°~360°	+	−

(2) 闭合导线的坐标计算。其计算目的是推算出各导线点的坐标。下面结合实例介绍闭合导线的计算方法。计算前必须按技术要求对观测成果进行检查和核算。然后将观测的内角、边长填入表 2-3 中的 2、6 栏，起始边方位角和起点坐标值填入 5、11、12 栏顶上格（带有双横线的值）。对于四等以下导线角度值取至秒，边长和坐标取至 mm，图根导线边长和坐标取至 cm，并绘出导线草图。请在表 2-3 内计算。

表 2-3 闭合导线的坐标计算表

点号	观测角 /(° ′ ″)	改正数 /″	改正后的角值 /(° ′ ″)	方位角 /(° ′ ″)	边长 /m	增量计算值 /m		改正后的增量值/m		坐标/m	
						Δx	Δy	Δx	Δy	x	y
1	2	3	4	5	6	7	8	9	10	11	12
1										500.00	500.00
				124 59 43	105.22	−3 −60.34	+2 +86.20	−60.37	+86.22		
2	107 48 30	+13	107 48 43							439.63	586.22
				52 48 26	80.18	−2 +48.47	+2 +63.87	+48.45	+63.89		
3	73 00 20	+12	73 00 32							488.08	650.11
				305 48 58	129.34	−3 +75.69	+2 −104.88	+75.66	−104.86		
4	89 33 50	+12	89 34 02							563.74	545.25
				215 23 00	78.16	−2 −63.72	+1 −45.26	−63.74	−45.25		
1	89 36 30	+13	89 36 43							500.00	500.00
2				124 59 43							
Σ	359 59 10	50	360 00 00		392.90	+0.1	−0.07	0.00	0.00		
辅助计算	$f_\beta = \sum \beta - (4-2) \times 180 = -50''$ $f_{\beta限} = \pm 60''\sqrt{n} = 120''$ $f_x = \sum \Delta x_{测} = +0.1$ $f_y = \sum \Delta y_{测} = -0.07$ $f_D = \sqrt{f_x^2 + f_y^2} = 0.12$ $K = \dfrac{f_D}{\sum D} = \dfrac{1}{3\,200}$ $K_容 = 1/2\,000$											

1) 角度闭合差的计算与调整。n 边形内角和的理论值 $(n-2) \times 180°$。由于测角误差，实测内角和 $\sum \beta$ 与理论值不符，其差称为角度闭合差，以 f_β 表示，即

$$f_\beta = \sum \beta \pm (n-2) \times 180°$$

其容许值 $f_{\beta容}$ 参照表 2-1 中"方位角闭合差"栏。当 f_β 小于 $f_{\beta容}$ 时，可进行闭合差调整，将 $f_{\beta容}$ 以相反的符号平均分配到各观测角去。其角度改正数为

$$v_\beta = \dfrac{-f_\beta}{n}$$

当 f_β 不能整除时，则将余数凑整到测角的最小位分配到短边大角上去。改正后的角值为
$$\beta'_i = \beta_i + v_\beta$$
调整后的角值（填入表 2-3 中 4 栏）必须满足：$\sum\beta \pm (n-2) \times 180°$。否则表示计算有误。

2) 各边坐标方位角推算。根据导线点编号，导线内角（右角）改正值和起始边，即可按公式：
$$\alpha_{前} = \alpha_{后} \pm \beta \pm 180°$$
依次计算 α_{23}、α_{34}、α_{41} 直到回到起始边 α_{12}（填入表 5 栏）。经校核无误，方可继续往下计算。

3) 坐标增量计算及其他闭合差调整。根据各边长及其方位角，即可按式计算出相邻导线点的坐标增量（填入 7、8 栏）。闭合导线纵横坐标增量的总和的理论值应等于零，由于量边误差和改正角值的残余误差，其计算的观测值 $\sum\Delta x$、$\sum\Delta y$ 不等于零，与理论值之差，称为坐标增量闭合差，即导线坐标计算的闭合差，即
$$f_x = \sum\Delta x$$
$$f_y = \sum\Delta y$$
由于 f_x、f_y 的存在，使得导线不闭合而产生 f_s，称为导线全长闭合差，即
$$f_s = \sqrt{f_x^2 + f_y^2}$$
f_s 值与导线长短有关。通常以全长相对闭合差 K 来衡量导线的精度
$$K = \frac{f_s}{\sum D} = \frac{1}{\frac{\sum D}{f_s}}$$
当 K 在容许值范围内，可将以 f_x、f_y 相反符号按边长成正比分配到各增量中去，其改正数为
$$v_{\Delta x_i} = \frac{-f_x}{\sum D} \cdot D_i$$
$$v_{\Delta y_i} = \frac{-f_y}{\sum D} \cdot D_i$$
按增量的取位要求，改正数凑整至 cm 或 mm（填入 7、8 栏相应增量计算值尾数的上方），凑整后的改正数总和必须与反号的增量闭合差相等。然后将表中 7、8 栏相应的增量计算值加改正数计算改正后的增量（填入 9、10 栏）。

4) 坐标计算。根据起点已知坐标和改正后的增量。按下列公式计算：
$$x_j = x_i + \Delta x_{ij} + v_{\Delta x_{ij}}$$
$$y_j = x_i + \Delta y_{ij} + v_{\Delta y_{ij}}$$
依次计算 2、3、4，直至回 1 点的坐标（填入 11、12 栏），以资检查。

2.1.3 小区域高程控制测量相关基础知识

高程是确定地面点位置的基本要素之一，高程测量是基本测量工作之一，测定地面点高程而进行的测量工作称为高程测量。高程测量的目的是要获得点的高程，但一般只能直接测得两点间的高差，然后根据其中一点的已知高程推算出另一点的高程。

由于水准测量的精度较高，是高程测量中最主要的方法。此处重点介绍水准测量。

1. 水准测量的原理

水准测量的原理是利用水准仪提供的水平视线，读取竖立于两个点上的水准尺上的读数（读取水准尺上的刻度），来测定两点间的高差，再根据已知点高程计算未知点高程。其原理如图 2-5 所示。

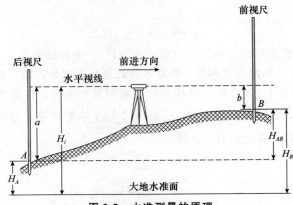

图 2-5　水准测量的原理

从图上可以看出，B 点的高程为 H_B，A 点的高程为 H_A，那么 AB 两点的高程为 h_{AB}，$h_{AB}=a-b$，同时 $h_{AB}=H_B-H_A$

所以 B 点高程 H_B 为

$$H_B = H_A + h_{AB}$$

水准测量方法可分为高差法和仪器高法。

2. 水准测量仪器及工具

水准测量所用的仪器是水准仪，所用的工具有水准尺和尺垫。

水准仪是进行水准测量的主要仪器，它可以提供水准测量所必需的水平视线。目前通用的光学水准仪从构造上可分为两大类：一类是利用水准管来获得水平视线的水准管水准仪，其主要形式称"微倾式水准仪"；另一类是利用补偿器来获得水平视线的"自动安平水准仪"。此外，还有一种新型水准仪——电子水准仪，它配合条纹编码尺，利用数字化图像处理的方法，可自动显示高程和距离，使水准测量实现了自动化。

我国的水准仪系列标准分为 DS05、DS1、DS3 和 DS10 四个等级。D 是大地测量仪器的代号，S 是水准仪的代号，均取大和水两个字汉语拼音的首字母。数字表示仪器的精度。其中 DS 05 和 DS 1 用于精密水准测量，DS 3 用于一般水准测量，DS 10 则用于简易水准测量。

3. DS 3 微倾式水准仪的使用

(1) 安置水准仪。

(2) 仪器的粗略整平。

(3) 照准目标。

(4) 视线的精确整平。

(5) 读数。

4. 水准路线测量

(1) 水准点和水准路线。水准测量通常是从水准点开始，引测其他点的高程。水准点是国家测绘部门为了统一全国的高程系统和满足各种需要，在全国各地埋设且测定了其高程的固定点，这些已知高程的固定点称为水准点。水准点有永久性和临时性两种。

在水准测量中,通常沿某一水准路线进行施测。进行水准测量的路线称为水准路线。根据测区实际情况和需要,可布置成单一水准路线和水准网。单一水准路线又分为附合水准路线、闭合水准路线和支水准路线。

(2)水准测量的施测方法。水准测量施测方法如图2-6所示,其中 A 为已知高程的点,B 为待求高程的点。首先在已知高程的起始点 A 上竖立水准尺,在测量前进方向离起点不超过200 m处设立第一个转点 TP_1,必要时可放置尺垫,并竖立水准尺。在离这两点等距离处Ⅰ安置水准仪。仪器粗略整平后,先照准起始点 A 上的水准尺,用微倾螺旋使气泡符合后,读取 A 点的后视读数。然后照准转点 TP_1 上的水准尺,气泡符合后读取 TP_1 点的前视读数。把读数记入手簿,并计算出这两点间的高差。此后在转点 TP_1 处的水准尺不动,仅把尺面转向前进方向。在 A 点的水准尺和Ⅰ点的水准仪则向前转移,水准尺安置在与第一站有同样间距的转点 TP_2,而水准仪则安置在离 TP_1、TP_2 两转点等距离处的测站Ⅱ。按在第Ⅰ站同样的步骤和方法读取后视读数和前视读数,并计算出高差。如此继续进行,直到进行至待求高程点 B。

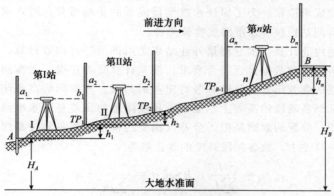

图 2-6 水准测量施测方法

显然,每安置一次仪器,便可测得一个高差,有

$$h_1 = a_1 - b_1$$
$$h_2 = a_2 - b_2$$
$$\cdots\cdots$$
$$h_n = a_n - b_n$$

将各式相加,得

$$\sum h = \sum a - \sum b$$

则 B 点高程为

$$H_B = H_A + \sum h$$

普通水准测量的手簿记录及计算见表2-4。

表 2-4 普通水准测量手簿

仪器型号:　　　　　　　观测日期:　　　　　　　观测者:
天气:　　　　　　　　　地点:　　　　　　　　　记录者:

测站	点号	水准尺读数		高差		高差
		后视	前视	+	−	
1	BM_A	1.467		0.343		27.354
	TP_1		1.124			

续表

测站	点号	水准尺读数		高差		高差
		后视	前视	+	−	
2	TP_1	1.385		0.289		
	TP_2		1.674			
3	TP_2	1.869		0.926		
	TP_3		0.943			
4	TP_3	1.425		0.213		
	TP_4		1.212			
5	TP_4	1.367			0.365	28.182
	BM_B		1.732			

(3) 水准测量的成果检核。为了保证水准测量成果的正确可靠，对水准测量的成果必须进行检核。检核方法有测站检核和水准路线检核两种。

(4) 水准测量的内业计算。水准测量外业结束之后即可进行内业计算，计算之前应首先重新复查外业手簿中各项观测数据是否符合要求，高差计算是否正确。水准测量内业计算的目的是调整整条水准路线的高差闭合差及计算各待定点的高程。当实际的高程闭合差在容许值以内时，可把闭合差分配到各测段的高差上。显然，高程测量的误差是随水准路线的长度或测站数的增加而增加，因此，分配的原则是把闭合差以相反的符号根据各测段路线的长度或测站数按比例分配到各测段的高差上，故各测段高差的改正数为

$$v_i = \frac{-f_h}{\sum L} \times L_i \text{ 或 } v_i = \frac{-f_h}{\sum n} \times n_i$$

式中 L_i 和 n_i 分别为各测段路线之长和测站数；$\sum L$ 和 $\sum n$ 分别为水准路线总长和测站总数。

5. 四等水准测量

(1) 四等水准的记录及各项观测限差见表 2-5。

表 2-5 四等水准的主要技术要求

等级	视线高度/m	视距长度/m	前、后视觉差/m	前、后视距累积差/m	黑、红面分划读数差/mm	黑、红面分划所测高差之差/mm	路线闭合差/mm
四	>0.2	≤80	≤3.0	≤10.0	3.0	5.0	$\pm 20\sqrt{L}$

(2) 四等水准测量每测站照准标尺分划顺序如下：

1) 后视水准尺黑面（基本分划），精平，读上、下、中丝读数，记入表 2-6 中 (1)、(2)、(3) 位置。

2) 前视水准尺黑面（基本分划），精平，读上、下、中丝读数，记入表 2-6 中 (4)、(5)、(6) 位置。

3) 前视水准尺红面（辅助分划），精平后读中丝读数，记入表 2-6 中 (7) 位置。

4) 后视水准尺红面（辅助分划），精平后读中丝读数，记入表 2-6 中 (8) 位置。

这种观测顺序简称为后—前—前—后（有时也采用后—后—前—前的观测顺序）。

(3) 测站计算与检核。

1) 视距计算与检核（注意单位为 m）。

后视距（9）＝后［下丝读数（1）－上丝读数（2）］×100

前视距（10）＝前［下丝读数（4）－上丝读数（5）］×100

前、后视距差（11）＝后视距（9）－前视距（10），四等应≤±5 m，三等应≤±3 m。

前、后视距累积差（12）＝上站（12）＋本站视距差（11），四等应≤±10 m，三等应≤±5 m。

2）水准尺读数检核（单位：mm）。

前尺黑、红面读数差（13）＝黑面中丝（6）＋K_1－红面中丝（7），四等应≤±3 mm，三等应≤2 mm。

后尺黑、红面读数差（14）＝黑面中丝（3）＋K_2－红面中丝（8），四等应≤±3 mm，三等应≤2 mm。

3）高差计算与检核（单位：m）。

黑面高差（15）＝后视黑面中丝（3）－前视黑面中丝（6）

红面高差（16）＝后视红面中丝（8）－前视红面中丝（7）

红黑面高差之差（17）＝黑面高差（15）－［红面高差（16）±0.1］

或＝后尺黑、红面读数差（14）－前尺黑、红面读数差（13）

要求：四等应≤±5 mm，三等应≤±3 mm

高差中数（18）＝［黑面高差（15）＋红面高差（16）±0.1］/2

4）每页记录计算检核（单位：m）。为了防止计算上的错误，还要进行计算检核。

高差检核 Σ（3）－Σ（6）＝Σ（15）

　　　　　Σ（8）－Σ（7）＝Σ（16）

　　　　　Σ（15）＋Σ（16）＝Σ（18）（偶数站）

　　　　　　　　　　　　＝Σ（18）±0.1（奇数站）

视距检核 Σ（9）－Σ（10）＝末站Σ（12）

三、四等水准测量记录计算见表2-6。

（4）成果计算。水准测量成果处理是根据已知点高程和水准路线的观测高差，求出待定点的高程值。三、四等附合或闭合水准路线高差闭合差的计算、调整方法与普通水准测量相同。其高差闭合差的限差为

平地：$f_{h容}=±20\sqrt{L}$ mm

山地：$f_{h容}=±6\sqrt{n}$ mm

表2-6　三、四等水准测量记录、计算

测量编号	后尺 下丝 上丝 后距 视距差 d	前尺 下丝 上丝 前距 Σd	方向及尺号	标尺读数		K＋黑－红	高差中数	备注
				黑面	红面			
	（1）	（4）		（3）	（8）	（14）		
	（2）	（5）		（6）	（7）	（13）		
	（9）	（10）		（15）	（16）	（17）		
	（11）	（12）						

续表

测量编号	后尺	下丝	前尺	下丝	方向及尺号	标尺读数		K+黑-红	高差中数	备注
		上丝		上丝		黑面	红面			
	后距		前距							
	视距差 d		Σd							
1	1571		0739		后A	1384	6171	0	+0832.5	
	1197		0363		前B	0551	5239	−1		
	374		376		后−前	+0833	+0932	+1		
	−0.2		−0.2							
2	2121		2196		后B	1934	6621	0	−0074.5	A尺：$K=4787$ B尺：$K=4687$
	1747		1821		前A	2008	6796	−1		
	374		375		后−前	−0074	−0175	+1		
	−0.1		−0.3							
3	1914		2055		后A	1726	6513	0	−0140.5	
	1539		1678		前B	1866	6554	−1		
	375		377		后−前	−0140	−0041	+1		
	−0.2		−0.5							

假设第一站后视点高程为 475.537 m，则第四站前视点的高程为 __476.154 m__

2.2 施工测量相关基础知识

2.2.1 施工测量的基本概念和方法

施工测量的目的是把设计的建筑物、构筑物的平面位置和高程，按设计要求以一定的精度测设在地面上，作为施工的依据，并在施工过程中进行一系列的测量工作，以衔接和指导各工序间的施工。

施工测量贯穿整个施工过程。从场地平整、建筑物定位（positioning）、基础施工，到建筑物构件的安装等，需要进行施工测量，才能使建筑物、构筑物各部分的尺寸、位置符合设计要求。有些工程竣工后，为了便于维修和扩建，还必须测量出竣工图。有些高大或特殊的建筑物建成后还要定期进行变形观测，以便积累资料，掌握变形的规律，为今后建筑物的设计、维护和使用提供资料。

为了保证各个建（构）筑物的平面位置和高程都符合设计要求，施工测量也应遵循"从整体到局部，先控制后碎部"的原则。即在施工现场先建立统一的平面控制网和高程控制网，然后，根据控制点的点位，测设各个建（构）筑物的位置。

此外，施工测量的检核工作也很重要，因此，必须加强外业和内业的检核工作。

2.2.2 极坐标放样法

极坐标法是根据一个水平角和一段水平距离,测设点的平面位置。控制网形式布设灵活,测设方法比较简单,极坐标法适用于量距方便,且待测设点距控制点较近的建筑施工场地。

1. 计算测设数据

(1) 如图 2-7 所示,计算 AB、AP 边的坐标方位角。

$$\alpha_{AB} = \arctan^{-1} \frac{\Delta y_{AB}}{\Delta x_{AB}} \qquad \alpha_{AP} = \arctan^{-1} \frac{\Delta y_{AP}}{\Delta x_{AP}}$$

(2) 计算 AP 与 AB 之间的夹角。$\beta_1 = \alpha_{AB} - \alpha_{AP}$。

(3) 计算 A、P 两点间的水平距离。

$$D_{AP} = \sqrt{(x_P - x_A)^2 + (y_P - y_A)^2} = \sqrt{\Delta x_{AP}^2 + \Delta y_{AP}^2}$$

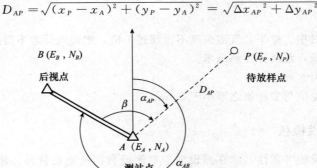

图 2-7 极坐标法测设点位

2. 具体操作方法

(1) 在 A 点安置全站仪(或经纬仪),盘左照准 B 点,配置度盘为 $0°00'00''$,旋转照准部,使水平度盘读数为 $\angle\beta$,在此方向上量出 D_{AP},放样出 P_1 点。

(2) 倒转望远镜,盘右,照准 B 点,读数 $\alpha_{右}$,旋转照准部,使水平度盘读数为 $\alpha_{右} + \angle\beta$,在此方向上量出 D_{AP},放样出 P_2 点。

(3) 取 P_1 点和 P_2 点的中点作为 P 点。

(4) 重复以上步骤放样出其他点。

(5) 检核。

3. 技术要求

(1) 仪器应严格对中、整平,气泡偏离不得超过一格,地面点标志不得超出圈外。

(2) 计算取位正确:距离计算到毫米。

(3) 放样点精度为 5 cm。

(4) 检核边长理论值与实际值之差小于 5 cm。

2.2.3 全站仪坐标放样

在已知测站点安置全站仪,使其进入放样测量模式,输入测站点的三维坐标、仪器高和后视点的三维坐标(也可直接输入后视方位角),同时输入待测设点的三维坐标及棱镜高(目标高),再照准后视点作为零方向,将其水平度盘读数配置为后视方位角,全站仪会自动计算测设点位所需的水平角、水平距离和高差值,然后在待测设点的大致位置竖立棱镜杆,转动照准部照准棱镜中心,即可按全站仪测设水平角和水平距离的方法自动测设所需的水平角和水平距离,从而定出待定点的平面位置。屏幕上同时还显示棱镜杆的底端与待测设点设计高程之差值,从而据此在点位的木桩上标注出测设点设计高程的位置。全站仪坐标法测设点位平面位置的原理仍是极坐标法。

1. 具体操作

主要操作流程如下(不同型号的全站仪坐标放样时的测站点、后视点设置与坐标测量的操作流程详见其使用说明书):

(1) 坐标数据文件的选择。
(2) 设置测站点。
(3) 设置后视点。
(4) 实施放样。

2. 技术要求

(1) 仪器应严格对中、整平,气泡偏离不得超过1格,地面点标志不得超出圈外。
(2) 计算取位正确:距离计算到毫米。
(3) 放样点精度为5 cm。
(4) 检核边长理论值与实际值之差小于5 cm。

2.2.4 点位测设检核

为了保证点位测设的可靠性,除在测设前应对测设数据反复校核外,测设时,也应对测设的点位予以现场检核。检核的方法有绝对点位检核和相对点位检核。

1. 绝对点位检核

绝对点位检核就是对已经测设的点位,依据不同的控制点,重新计算测设数据,并进行现场测设,以校对原已测设的点位。

为检核点位测设的结果,可以另外控制点为测站(前提是与放样点通视),根据控制点坐标和放样点的设计坐标,重新计算测设数据,并在现场重新测设出放样点的点位。根据两次测设点位之差,即可对原有测设点进行检核。

在使用交会法测设点位时,实际上测设两个角(或离)已可交会出点位,而测设三个角度(或距离)其实质也是为了对测设结果进行绝对点位检核。

2. 相对点位检核

相对点位检核就是根据现场测设点位构成的几何图形,用钢尺和全站仪测量邻点间的边长及邻边间的水平角,看其是否与几何图形边长和内角的设计值相吻合。

3. 不同坐标系统的坐标转换

测设数据的计算在点位测设中具有举足轻重的作用,而依据控制点坐标和待测点坐标计算测设数据的前提是控制点坐标和待测点坐标必须属于同一坐标系统。常有的情况是控制点坐标由统一的测量系统测定,属于地方(或测量)坐标系,而待测点的坐标在建筑设计总图上确定,属于建筑(或设计)坐标系,这时就有必要首先进行坐标换算,将待测点的设计坐标化为测量坐标,方能用于依据控制点进行点位测设。

如图 2-8 所示,$AO'B$ 为建筑坐标系,设待测点 P 在其中的设计坐标为 (A_P, B_P);XOY 为地方坐标系,待测点 P 在其中的测量坐标应为 (x_P, y_P)。又知建筑坐标系的原点 O' 在地方坐标系中的坐标为 $(x_{O'}, y_{O'})$(相当于建筑坐标系原点相对于地方坐标系原点的平移值),建筑坐标系的纵坐标轴在地方坐标系中的方位角为 α(相当于建筑坐标系纵轴相对于地方坐标系

纵轴的旋转角），则将待测点 P 的设计坐标化为测量坐标的换算公式为

$$\begin{cases} x_P = x_{O'} + A_P \cos\alpha - B_P \sin\alpha \\ y_P = y_{O'} + A_P \sin\alpha + B_P \cos\alpha \end{cases}$$

为检核转换结果的正确性，可反过来再将算得的 P 点的测量坐标化为设计坐标，其换算公式为

$$\begin{cases} A_P = (x_P - x_{O'})\cos\alpha + (y_P - y_{O'})\sin\alpha \\ B_P = -(x_P - x_{O'})\sin\alpha + (y_P - y_{O'})\cos\alpha \end{cases}$$

上面两式中的 $x_{O'}$，$y_{O'}$ 和 α 一般可在建筑物的总平面图或相关设计资料中查取。

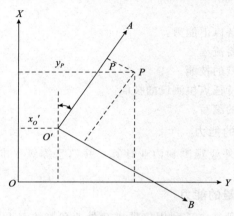

图 2-8 不同坐标系的坐标转换

实 训

2.1 实训能力

教师讲授小区域控制测量和特定形状建筑物放样的原则和方法，编制工程测量实训的支撑知识点。本实训是主要在校园男生宿舍一周进行小区域控制测量和篮球场上椭圆形建筑物轮廓线特征点位测设的实训教学。

通过本实训，学生应具备以下能力：
(1) 熟悉野外勘测的主要流程。
(2) 掌握小区域控制测量的技能。
(3) 掌握建筑物轮廓线特征点位测设的技能。
(4) 掌握测量实训报告的编写。

2.1.1 四等水准测量的能力

能进行四等水准测量的外业观测和内业计算，并熟悉等级水准测量和普通水准测量的异同点。

2.1.2 小区域导线测量的能力

在小区域内，能外业踏勘选点，利用仪器进行外业角度测量和距离测量，根据外业数据，判断测量数据是否合格，在此基础上，进行内业数据处理，获取未知导线点的平面（或三维）坐标。

2.1.3 施工放样的能力

能进行点位不同放样方法的放样数据的计算，并熟练应用极坐标法和全站仪已知点位坐标放样，熟悉放样点点位精度的检核。

2.2 实训方法

学生以 4～5 人为一小组，要求每组完成一套完整的外业测量数据，内业数据每人根据自己的学号有区别化完成一套。然后每人根据实训情况，提交实训报告。

2.3 实训程序

模块 1 现场踏勘、选取小区域控制点

实训内容和要求：

现场踏勘选点，建立标志。搜集测区已有地形图和高一级的控制点的成果资料，实地选点并建立标志。选点时应注意下列几点：

(1) 导线点应选视野开阔，土质坚硬，便于安放仪器及便于观察地形的地方，一般设置在道路交叉口和道路边。

(2) 相邻导线点应互相通视，以便于测角。边长应大致相等，其边长不超过100 m，均匀地分布在全测区内。

(3) 点选定后，绘出选点略图，写上点号，图上画出北方向。

实训区域选在男生宿舍一周,已有控制点有 5 个,每组选取其中一个控制点,从该控制点开始,逆时针方向选取 8~10 个导线点,构成一个单一路线。每个点绘制相应的点之记。如以 A 点作为控制点,选择 1~9 共 9 个未知导线点,逆时针方向编号,点位大致如图 2-9 所示。

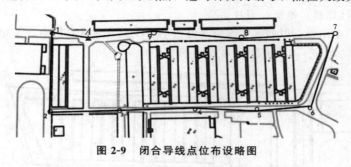

图 2-9 闭合导线点位布设略图

模块 2 小区域导线测量

1. 实训内容和要求

根据外业踏勘选定的控制点,每个小组完成一条闭合路线的场地导线测量。

2. 操作过程

(1) 观测前的准备。熟悉全站仪导线测量的方法、记录格式和观测精度等要求。

(2) 应准备的仪器、工具:全站仪一套(包含全站仪 1 台,反射棱镜 2 个和三脚架 3 个)、测伞 1 把、记录板 1 块、记录表格、计算器、铅笔、刀片。

(3) 水平角观测。对于闭合导线,要沿着导线前进方向观测各内角(本次导线点逆时针编号,为左角)及一个连接角,以测回法观测。每个角测两个测回的合格成果,取其平均值作为最后结果。

对中误差不超过 1 mm,整平误差气泡偏离中心不超过一格,盘左、盘右上、下半测回水平角之差不超过 ±40″,即可取平均值作为最后的角值。

(4) 测量导线边长。按距离测量,进入距离测量模式,照准目标棱镜中心,测量仪器至目标之间的距离,重复按测量距离键可切换显示模式。边长往返测量,往、返测较差的相对误差不超过 1/3 000。

(HR,HD,VD) 模式,显示水平方向、水平距离、仪器中心至目标棱镜中心高差。

(V,HR,SD) 模式,显示天顶距、水平方向、倾斜距离。

注意:在野外测量时,应及时计算和检查测量成果,做到站站清,即测完、算完、成果检验合格才搬站。在检查时,最好绘出表示观测成果的略图。

(5) 内业计算。对外业观测成果予以检查,若符合要求,即进行导线的闭合差调整和坐标计算。导线的角度值及方位角值取至秒,边长取至毫米,最后坐标取至毫米,导线角度闭合差应不超过 $±40″\sqrt{n}$(式中 n 为导线转折角个数),导线的全长相对闭合差应不超过 1/2 000。

计算在"导线闭合差调整及坐标计算表"内进行。

模块 3 四等水准测量

1. 实训内容和要求

根据导线测量的范围和路线,每个小组完成一条闭合路线的四等水准测量。为了训练每个测段转点的选取,从已知控制点开始,整条路线大致平分为 3 个测段,每个测段中间的转点,学生可以自主选择。

2. 操作过程

（1）观测前的准备。熟悉路线水准测量的方法、记录格式和观测精度等要求。

（2）应准备的仪器、工具：水准仪1一台、双面水准尺1对、尺垫2个、测伞1把、记录板1块，记录表格、计算器、铅笔、刀片。

（3）从已知点 A 出发，以四等水准测量经过 B、C 点（导线测量中，未知点的导线4、7点选择位置水准点 B、C 点），再闭合到 A 点（图2-10）。

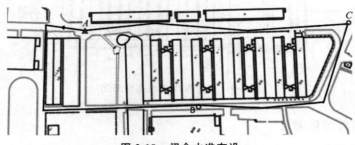

图2-10 闭合水准布设

采用黑红双面尺法，每个测站8项读数，10项计算，各项技术指标均要求满足方可搬站。

（4）内业计算。对外业观测成果予以检查，若符合要求，即进行水准路线的闭合差调整和位置水准点的高程计算。各测站高差及改正数取至毫米，最后高程坐标取至毫米，高差闭合差允许值不超过 $+20\sqrt{L}$ mm（式中 L 为水准路线全长千米数）。若高差闭合差符合要求，则将各测段内的测站高差中数取和成为测段高差观测值。计算在"高程误差配赋表"内进行。

模块4 椭圆形建筑物轮廓线特征点位测设

1. 实训内容和要求

设椭圆形建筑物假定坐标系的竖向 x 轴长半径 $a=10$ m，横向 y 轴短半径 $b=6$ m，测设椭圆轮廓线特征点。

2. 操作过程

（1）方法一：直接在椭圆中心点设测站，测设椭圆轮廓线特征点。

测站：椭圆中心点 O 为测站（设其椭圆坐标系坐标 $x_0=0.000$ m，$y_0=0.000$ m），y 轴左向1号点为后视方向（其方位角 $\alpha_{o1}=270°00'00''$），测设24个特征点位 [图2-11（a）]，其 y 坐标见表2-7，先进行内业各点 x 坐标计算和测设数据计算，再进行外业现场点位测设。

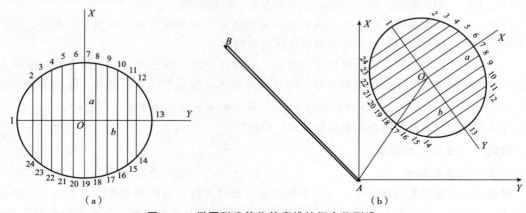

图2-11 椭圆形建筑物轮廓线特征点位测设
(a) 以圆中心为测站，1号点为后视；(b) 以测量控制点 A

表 2-7　椭圆轮廓线特征点 y_i 坐标

点号	1	2	3	4	5	6	7	8	9	10	11	12
y_i/m	−6	−5	−4	−3	−2	−1	0	+1	+2	+3	+4	+5
点号	13	14	15	16	17	18	19	20	21	22	23	24
y_i/m	+6	+5	+4	+3	+2	+1	0	−1	−2	−3	−4	−5

1）内业计算。

①根据椭圆方程 $\dfrac{x^2}{a^2}+\dfrac{y^2}{b^2}=1$，计算各特征点的 x_i 坐标（2～12 号点的 x_i 为正值，14～24 号点的 x_i 为负值）。

②计算中心点 O 至各点位之间的水平距离 D_{Oi}。

$$D_{Oi}=\sqrt{x_i^2+y_i^2}$$

③计算中心点 O 至各点位在椭圆假定坐标系中的方位角 α_{Oi}。

$$\alpha_{Oi}=\arctan^{-1}\dfrac{x_i}{y_i}$$

④中心点 O 以 Y 轴左向 1 号点为零方向，顺时针至各点位之间的水平角 β_i 为

$$\beta_i=\alpha_{Oi}-\alpha_{O1}$$

将计算结果填入表 2-8。

表 2-8　椭圆形建筑物轮廓线特征点位测设计算

点号	x_i/m	y_i/m	D_{Oi}/m	α_{Oi}/(° ′ ″)	β_i/(° ′ ″)
1					
2					
3					
4					
5					
6					
7					
8					
9					
10					
11					
12					
13					
14					
15					
16					
17					

续表

点号	x_i/m	y_i/m	D_{Oi}/m	α_{Oi}/(° ′ ″)	β_i/(° ′ ″)
18					
19					
20					
21					
22					
23					
24					

2) 现场测设。应准备的仪器、工具：全站仪一套（包含全站仪 1 台，反射棱镜 2 个和三脚架 3 个）。

测设步骤如下：

先在场地用钢尺测设两条相互垂直的建筑基线（竖向 20 m 作为 x 轴即椭圆的长轴，横向 12 m 作为 y 轴即椭圆的短轴），假设其中心点 O 为零点。采用全站仪，在中心点 O 安置仪器，进入测角模式，照准 1 点，将水平读数设置为起始方位角 $\alpha_{o1}=270°00'00''$，再进入坐标放样模式，首先输入测站点（中心点）坐标 $x_0=0.000$ m，$y_0=0.000$ m，再依次输入各点的 x_i、y_i，按坐标放样法，逐一测设所有椭圆轮廓线各特征点位。

（2）方法二：在假设的测量控制点上设测站，测设椭圆轮廓线特征点。

1) 设测量控制点 A、B 及椭圆中心点 O 的测量坐标及椭圆长半轴在测量坐标系的方位角已知。将上述方法一算得的椭圆轮廓线各特征点的椭圆坐标系坐标按下式换算为测量坐标系的坐标：

$$\begin{cases} X_P = X_{O'} + x_P \cos\alpha - Y_P \sin\alpha \\ Y_P = Y_{O'} + x_P \sin\alpha + Y_P \cos\alpha \end{cases}$$

式中：x_P、y_P 为轮廓特征点的椭圆坐标；X_P、Y_P 为该点相应的测量坐标；$X_{O'}$、$Y_{O'}$ 为椭圆中心点在测量系的坐标；α 为椭圆的长半轴即中心点至轮廓 7 号点在测量坐标系的方位角。

2) 将测量控制点、椭圆中心点和换算得的所有轮廓线特征点的测量坐标以坐标文件的形式存入全站仪。

3) 现场测设。先在场地一边用钢尺测设一条 20 m 的基线，设其右端为 A 点，左端为 B 点。

在 A 点安置全站仪以 B 点为后视点，进入坐标放样模式，调用上述坐标文件，按全站仪已知点位坐标放样法，逐一测设椭圆形轮廓线上各特征点位［图 2-11（b）］。

4) 将测设的点位与方法一所放的点位逐一加以比较，测其较差，用于检测。

（3）技术要求。

1) 仪器应该严格对中、整平，气泡偏离不得超过 1 格，地面标志点不得超出圈外。

2) 计算取位正确，距离计算到毫米。

3) 放样点精度为 5 cm。

4) 检核边长理论值与实际值之差小于 5 cm。

模块 5　数据处理，撰写实训报告

实训结束后，每人应提交一份测量实训报告，字数不得少于 1 000 字，不得在网上下载，不

得相互抄。每组应提交本小组外业测量原始记录数据，统一装订，作为成绩考核的依据。

1. 个人提交成果

（1）实训报告。实训报告是个人完成测量实训时的技术小结，其编写格式和内容如下：

1）目录。

2）前言。简述测量实训的时间、地点、目的、任务、场地概况、天气、出勤情况等。

3）实训内容。实训过程、内容、程序、方法，技术要求、实测结果、计算成果等。

4）实训体会。叙述实训过程中所遇问题和解决方法，以及所取得的成绩，还有不足、经验和教训及心得体会等。

（2）个人计算资料（作为个人实训报告的附录）。

1）四等水准高差配赋计算表。

2）导线坐标平差内业计算表。

3）椭圆形建筑物轮廓线特征点位测设计算表。

2. 小组提交成果

（1）四等水准测量原始记录表。

（2）导线测量原始记录表。

（3）测设点点位精度检查表。

模块 6　成绩评定

1. 操作考核

操作考核内容包括四等水准测量（一测站）、水平角测量（一测回）、极坐标放样、已知点位坐标放样等，届时由学生抽签选择其中一项，根据试题要求，在限定时间内现场安置仪器、观测、记录和计算，根据操作仪器的熟练程度、观测记录计算的正确程度和所用时间等评分，见表2-9。

表2-9　测试评分标准（百分制）

序号	测试内容	评分标准	配分/分
1	工作态度	仪器工具轻拿轻放，搬仪器动作规范，装箱正确	10
2	仪器操作	操作熟练、规范、方法步骤正确、不缺项	20
3	读数	读数正确、规范	10
4	记录	记录正确、规范	10
5	计算	计算快速准确、规范，计算检核齐全	20
6	精度	精度符合要求	20
7	综合印象	动作规范、熟练、文明作业	10
		合计	100

2. 成绩评定

本次实训成绩，根据学生实训表现、实训成果的质量和操作能力考核，以及分析问题和解决问题的能力，综合评定为优秀、良好、中、及格和不及格5个等级。实训表现根据出勤统计、实训态度和遵守纪律情况评定。实训成果由观测记录、内业计算和放样计算及放样精度情况计分。操作能力主要取决于实训中的操作表现和结束时的操作考核成绩。

实训课程1学分，时长1周，共计18学时。其时间安排（每个模块的内容、学时、教学内容、教学方法）见表 2-10。

表 2-10　1 周实训时间安排

内容模块	实训任务	实训内容	参考细则	学时
1	布置任务、领取仪器	实训动员、安排任务、领取并检校仪器、踏勘选点	《工程测量标准》（GB 50026—2020）	2
2	高程控制测量（四等水准测量）	1. 准备工作：水准仪检校、工具与用品准备、复习教材有关内容。 2. 外业工作：踏勘、选点、埋标、进行四等水准测量。 3. 内业工作：手簿检查、水准测量成果整理、编制水准测量成果表。 4. 应交资料：小组应交水准点位置略图与说明、观测记录手簿、水准点成果表。个人应交水准测量成果整理计算表	《国家三、四等水准测量规范》（GB/T 12898—2009）	4
3	平面控制测量（独立小区域导线测量）	1. 准备工作：仪器的检验与校正、工具与用品准备、复习教材有关内容。 2. 外业工作：踏勘测区、拟订布网方案、选点、埋桩、标志点号、角度观测和距离测量、定向。 3. 内业工作：外业手簿的检查和整理、绘制控制网略图、导线网平差计算、坐标计算、编制平面控制成果表、展绘控制点。 4. 应交资料：小组应交全部外业观测记录手簿、控制点成果表、控制网平面图。个人应交控制平差计算表和坐标计算表	《工程测量标准》（GB 50026—2020）	5
4	建筑物定位放线测量	测设椭圆形建筑物轮廓线特征点点位	《工程测量标准》（GB 50026—2020）	5
5	撰写实习总结，成果整理、机动			2
合计				18

附 件

参考资料：
(1)《国家三、四等水准测量规范》(GB/T 12898—2009)。
(2)《工程测量标准》(GB 50026—2020)。
(3)《工程测量通用规范》(GB 55018—2021)。

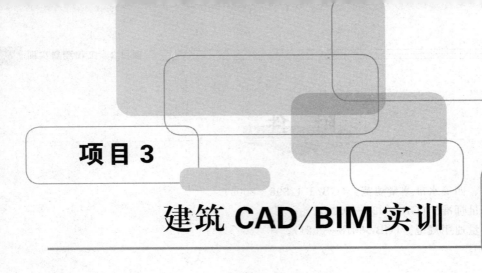

项目 3

建筑 CAD/BIM 实训

通过实训教学活动,学生应具有建筑制识图和设计建模的综合能力以及能满足专业岗位对制识图的要求,且要具备通过短期的简单专业知识培训就能胜任制图建模岗位的能力。

知识目标

学生对建筑制图知识有进一步的认识,巩固对建筑制图与识图知识的掌握,在二维建模的基础上提取要素建立三维可视化 BIM 模型。

能力目标

(1) 能够发现 AutoCAD 和 Revit 软件操作中出现的问题并解决。
(2) 能够熟练绘制建筑平面图、立面图、剖面图等常用建筑施工二维图形,根据二维图形建立三维数字化模型。
(3) 具有较高的建筑图识图能力。
(4) 掌握 BIM 软件的基本操作和原理,培养 BIM 技术实际应用能力。

素质目标

(1) 培养爱国主义精神。
(2) 初步养成遵守国家标准和生产规范的习惯。
(3) 初步养成产品质量意识和成本意识。
(4) 形成认真负责的工作态度、严谨细致的工作作风。
(5) 形成良好的意志品质和敬业、诚信等良好的职业观。
(6) 具有团队精神、合作意识与创新能力。

本部分理论知识只是实训学习的引导，详细知识的学习自行查阅相关资料。

3.1　软件安装与使用

（1）AutoCAD 或中望 CAD 教育版软件/Revit 安装包括学生用户注册、软件下载和安装，可在相应官网上完成。Revit 软件是 BIM 技术呈现方式之一。

（2）CAD/Revit 版本较多，低版本的 CAD/Revit 打不开高版本绘制的 CAD/Revit 图形。高版本 CAD/Revit 绘制的图形另存为低版本的 CAD 图形后，可在低版本 CAD 上打开。

（3）完成 CAD/Revit 绘图有 3 种方式：命令、菜单和图标按钮，命令方式功能最全。通过键盘输入命令时，命令输入结束一定要按 Enter 键，推荐左手键盘、右手鼠标。这种方式绘图效率最高。另外，尽可能使用简化命令——命令别名（命令缩写）来输入命令。

3.2　AutoCAD/BIM 技术基础知识

3.2.1　AutoCAD 基础知识

（1）光标的 3 种形式（图 3-1）。

在未执行任何命令的情况下，光标显示为十字丝+方框 [图 3-1（a）]。

在拾取点时，光标显示为十字丝 [图 3-1（b）]。

在选择对象时，光标显示为方框 [图 3-1（c）]。

图 3-1　光标的 3 种形式

(a) 十字丝+方框；(b) 十字丝；(c) 方框

（2）鼠标及键盘的定义。鼠标的左键一般用于输入坐标、拾取对象、选择菜单项和命令按钮等。右键，可激活弹出菜单等。

滚轮滚动可动态放大或缩小视图窗口，它的功能和 Zoom 命令相同，按下滚轮并拖动，可移动视图窗口，它的功能和 Pan 命令相同。

Enter 键的功能是通知系统执行该行命令或数据。

在命令行中输入相应命令后再按 Space 键，绝大多数情况下，等同于按 Enter 键；仅在输入文本时，按 Space 键输入的是空格。

按 Esc 键可中断正在执行的命令，返回键入命令（等待输入命令）状态。此键在命令执行出错时，非常有用，可随时从错误的状态中退出。

（3）准确作图。准确作图有两种方法：一种是输入坐标准确作图；另一种就是利用 AutoCAD 提供的捕捉功能来准确作图。

常用坐标系有直角坐标系和极坐标系两种（图 3-2）。

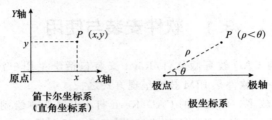

图 3-2 坐标系

直角坐标系又称笛卡尔坐标系，点的坐标分别用 x、y 表示。

极坐标系中点的坐标分别用极径、极角表示。

AutoCAD 使用的坐标有绝对坐标和相对坐标两大类。

绝对坐标是相对于原点或极点的坐标。绝对坐标又划分为绝对直角坐标和绝对极坐标，平常我们把绝对两字省略，直接讲直角坐标和极坐标。

相对坐标是相对前一坐标而指定的坐标。相对坐标又划分为相对直角坐标和相对极坐标。

接下来我们来看这几种坐标在 AutoCAD 中是如何表示的（图 3-3）。

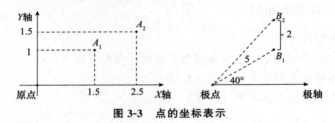

图 3-3 点的坐标表示

首先来看直角坐标：

A_1 点的坐标用（1.5，1）表示，A_2 点的坐标用（2.5，1.5）表示。

极坐标中，B_1 点的坐标用 5＜40 表示，这里的角是键盘上的小于号。5 代表极径，40 代表角度是 40°。请注意，角度是用度为单位，不是弧度，并且角是以逆时针为正，顺时针为负。

我们再来看相对坐标的表示。先看相对直角坐标：

如果 A_1 已知，A_2 就可以用相对坐标：@1，0.5 来输入。

如果 A_2 已知，A_1 就可以用相对坐标：@－1，－0.5 来输入。

我们再来看相对极坐标：

如果 B_1 已知，B_2 就可以用相对坐标：@2＜90 来输入。

如果 B_2 已知，B_1 就可以用相对坐标：@2＜－90 来输入。

（4）快速输入点方法。许多命令需要输入点时，我们可以输入点的坐标来响应，但更多的时候，我们可利用鼠标捕捉关键点来响应，从而提高绘图效率。这些关键点就是对象上的一些特殊点，可以是线的端点、中点，两条线的交点、垂点，圆的象限点、圆心等。到底用何种方式捕捉目标，我们可以根据需要来设置。对象捕捉是个开/关键。不需要捕捉时，可以随时关闭捕捉功能，防止意外出错，也能提高绘图效率；需要捕捉时，可以再打开捕捉功能。

Ortho（F8）正交模式：开关键。"正交"模式下，光标选点被限制在水平或垂直方向上，但目标捕捉优先。

(5) 对象的选择方法。对象的选择方法有多种，常用的有以下 3 种选择方法：

1) 单个选择，逐个选取。

2) 窗交选择（Crossing 方式），在绘图区域中指定矩形窗口，完全包含在窗口内的对象以及和窗口相交的对象可以被选中。鼠标从右向左拖出窗口，默认为 Crossing 方式［图 3-4（a）］。

3) 窗口选择（Windows 方式），在绘图区域中指定矩形窗口，完全包含在窗口内的对象可以被选中。鼠标从左向右拖出窗口，默认为 Windows 方式［图 3-4（b）］。

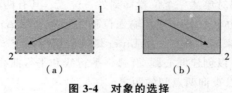

图 3-4 对象的选择
(a) 窗交选择；(b) 窗口选择

(6) 图层。图层是一组具有一定逻辑关系的数据，可看作透明的硫酸纸，可以单独查看每个图层，也可以同时查看多个图层。

在建筑平面图的绘制中，我们常把轴线、墙、门窗、文字、标注等放在不同的层上，并赋予各自的颜色和线型。

利用图层管理图形，可以使视图更加清晰，并方便我们的绘图和修改，进而提高绘图效率。一般而言，我们在绘图前就应设置好图层。

可以用 PROPERTIES（pr）命令对对象所在的图层进行修改。如果只选定一个对象，那么 PROPERTIES 列出选定对象的所有特性。如果选定多个对象时，则仅显示所有选定对象的公共特性。

可以通过 Layer（la）命令打开图层特性管理器。在图形特性管理器中，可以新建图层、设置图层的颜色和线型，设置当前层等。

当前层就好似我们放在最上面的图纸，使用绘图命令所产生的新图形都落在当前层上。而使用编辑命令产生的图形还是在原来的图层上。

(7) 图层的控制。

1) 图层关闭：不显示该图层上的对象，用于降低图形的视觉复杂程度。

2) 图层冻结：也不显示该图层上的对象，和图层关闭差不多，但由于关闭图层上的对象不参与运算，所以冻结图层可加快图形显示和提高绘图性能。

(8) AutoCAD 命令简介。

1) Limits（li）设置绘图界限：界限范围一般要比所绘图形大。指定一个矩形窗口来确定界限范围。为便于看到所绘图形的全貌，并且所绘图形看上去也不是太小，我们人为地指定这个界限。如果我们已能熟练绘图，这个设置不是必需的，可以不设。

2) Zoom（z）更改视图的显示比例：不会更改图形中对象的绝对大小。就好似用放大镜或望远镜观察对象，只是视觉上的变大或缩小，对象本身大小并没有变化。

Zoom 命令的两个参数：

A 全部：缩放视口，以显示当前视口中的整个图形。将图形缩放到图形界限或对象所占范围两者中较大的区域。

E 范围：缩放视口，使得对象最大化显示在视口（屏幕）内。

3) Line (l) 画直线：需指定线的端点，可以连续画多条直线，按 Enter 键来结束命令。在命令执行过程中，方括号 [　] 中以"/"隔开的内容表示可选项，若要选择某个选项，则需输入该字母；尖括号＜　＞中的值代表系统当前默认值，若要使用该默认值，直接按 Enter 键即可。

4) Arrayclassic：是使用对话框方式执行阵列操作，没有命令别名，但可自定义命令别名。对初学者来说，对话框方式更直观。阵列类型分矩形和环形（弧形）阵列。Array 是使用命令行方式执行阵列操作，一般这种方式便于二次开发和编程。

5) Move (m) 移动：把对象从一个位置移到另一位置。其有两种方式来响应移动操作：一种是输入基点和第二个点的办法；另一种是输入位移的相对坐标 Δx、Δy 的办法。采用相对坐标方式输入时，用 Δx、Δy 来响应基点，用 Enter 键响应目标点。

6) Offset (o) 偏移：可以创建同心圆/圆弧、平行线和平行曲线。

7) Dist (di) 距离：可以查询两点间的距离。

8) Circle (c) 画圆：可以用圆心＋半径或直径的方式画圆，也可用不在同一条直线上的三个点唯一地确定一个圆的方法来画圆。

9) Text (dt) 写文字：可用于标注轴线号、标注说明文字等。文字内容的修改可采用双击文字的办法进行修改。

10) Copy (cp/co) 复制：它有两个命令别名，分别是 cp 和 co，这主要是为了兼容不同版本的命令别名。操作方法同 Move 命令。

11) Mirror (mi) 镜像：绕镜像线复制出对称的图形（图形是反的），需指定镜像线，与 copy 命令不同。

12) Mlstyle 设置多线样式：可以用来设置墙线样式。新建墙线样式：墙线两端封口。

13) Mline (ml) 多线：可以用来绘制墙线。绘墙线前，我们首先要选用前面已定义的墙样式。按下来设置比例。由于墙线样式定义的宽度为 1，所以 200 宽墙比例就输 200，300 宽墙比例就输 300。最后还要设置对正方式，有 3 个可选参数：上对齐，下对齐，无（代表中对齐）。

Mledit 编辑多线：可用于编辑相交处的墙线，有 T 形打开、十字形打开、角部结合等多线编辑方式。

14) Stretch (s) 拉伸。这个命令的特点如下：
①Stretch 命令一定要用窗交方式选择对象，它与 Move 的功能不同；
②拉伸与窗口相交部分的对象；
③移动（而不是拉伸）完全包含在窗口中的对象。

15) Trim (tr) 修剪：按其他对象定义的剪切边修剪对象。就像我们手工作图，线画长了要擦掉一样。

16) Extend (ex) 延伸：扩展对象以与其他对象的边相接。这是一个与修剪相对的命令，是线画得不足，需要延伸。

无论修剪还是延伸，均需先指定边界，这个边界可以利用已有线段，也可以新画条辅助线，用完后再删除。

17) 命令的取消与恢复。

取消已执行的命令：U/Undo/Ctrl＋Z。

恢复已撤销的命令：Redo/Ctrl＋Y。

其中，Ctrl+Z和Ctrl+Y是标准的Windows操作。

18）Arc（a）画圆弧：画圆弧时用到的角度单位是度，以逆时针为正，以顺时值为负。

19）Rotate（ro）旋转：旋转角度的单位也是度，同样以逆时针为正。

20）Scale（sc）比例缩放：放大或缩小选定的对象，对象的实际大小发生了改变。与Zoom命令不同。

21）Pline（pl）多段线：可以创建直线段、弧线段或两者的组合线段，创建线段可以带有宽度。

22）Rectangle（rec）矩形：两对角点确定一个矩形。

23）Polygon（pol）正多边形：边数3~1 024，分内接/外切。

24）Bhatch（bh/h）图案填充。

25）Erase（e）删除/Delete。

26）Mline、Pline、Rectang、Polygon所绘对象虽然由多条线组成，但一次命令所绘对象均为一个实体，不能单独编辑其中的线段。如果想单独编辑，只有先分解Explode（x），才能单独编辑，但分解后，这些线段（对象）会失去线宽等属性。

27）"U"的两种应用。

①作为命令执行，表示取消上一条命令。

②用在命令中，表示取消命令中的上一步。

28）对象捕捉F3和对象捕捉追踪F11的区别。

对象捕捉是捕捉对象上的关键点：端点、中点、垂点、圆心……

默认情况下，对象捕捉追踪只进行水平和垂直追踪，捕捉虚交点（实际上这个交点是不存在的）。

29）Explode（x）分解：将复合对象分解为组件对象。

30）Arc绘圆弧的方式：

三点：起点、圆心、端点；起点、圆心、角度；起点、端点、方向。

31）Ellipse（el）椭圆：先指定一条轴的两个端点，然后指定另一半轴长度。

32）Zoom（Z）视口缩放：缩放方式有通过鼠标滚轮实时缩放/全部（A）/范围（E）/窗口（W）。

33）Fillet（f）圆角：给对象加圆角。

可以对圆弧、圆、椭圆、椭圆弧、直线、多段线、射线、样条曲线和构造线执行圆角操作。以半径为0对两条直线加圆角，可删除多余线段/延伸线段［图3-5（a）、（b）］，实现图3-5（c）效果。

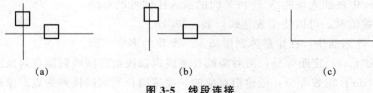

(a)　　　　　(b)　　　　　(c)

图3-5　线段连接

34）Chamfer（cha）倒角：两倒角距离设为0，也可实现图3-5（c）效果。

35）Style（st）文字样式：创建、修改或指定文字样式。

只要选择字体名（宋体/仿宋/黑体），不要设置字高。

选择字体名时，不能选择字体名前带"@"符号的字体。

文字标注时先标注一个，如果样式、字高相同，仅文字内容不同，可复制后，双击修改文字内容。

文字方向不对，可通过 Rotate（旋转）来编辑。

同一行或同一列的文字在 Copy（复制）时，可打开正交 F8，方便作图，并使复制后的文字成行成列对齐，使得标注的文字整齐美观。

在任意位置复制对象时，应关闭对象捕捉功能，防止意外发生（捕捉到错误点，使得复制对象失败——复制位置错误）。

36）Dimstyle（d）标注样式：创建和修改标注样式。

符号和箭头：建筑标记。

调整→调整选项→文字：

文字位置：尺寸线上方，不带引线。

标注特征比例：使用全局比例（100）。

主单位：精度（0）。

常用的两种尺寸标注：Dimlinear（dimlin）线性标注；Dimcontinue（dimcont）连续标注。

37）Linetype（lt）线型管理器：加载、设置和修改线型。

更改线型比例：

Linetype 线型管理器（对话框）：显示细节→全局比例因子：50（可根据显示情况进行调整）。

Ltscale（lts）设定全局线型比例因子（命令行）。

3 种点画线的区别：

DASHDOT：标准线型；

DASHDOT2（0.5X）：比标准线型小一半；

DASHDOTX2（2X）：比标准线型大一倍。

38）Break（br）打断：在两点之间打断选定对象，两个指定点之间的对象部分将被删除。

39）Join（j）合并：合并线性和弯曲对象的端点，以便创建单个对象。

40）Bhatch（bh/h）图案填充。

41）Hatchedit（he）修改现有的图案填充特性：填充的图案、比例和角度等。

42）Block（b）创建块：通过选择对象、指定插入点，并为其命名，可创建块定义。

43）Insert（i）插入块：通过选择已创建的块名并指定插入点，插入比例和旋转角度，可在图形中插入块对象。

在 0 层上绘制要创建块的内容，在插入块时，图块可具有插入层（当前层）的属性（bylayer 颜色/线型）。

插入块 Insert 中被插入块的 X 向和 Y 向的插入比例可以不同。

当需要输入数值时，可以使用表达式，如：27/18。

44）Minsert 阵列插块：在矩形阵列中插入一个块的多个实例。

45）Measure（me）定距等分：沿对象的长度或周长按给定间隔创建点对象或块。

46）Divide（div）定数等分：创建沿对象的长度或周长等间隔排列的点对象或块。

在定距等分 Measure 和定数等分 Divide 中，用块作为等分标志时，对齐块和对象有两种选项：

①是：块将围绕其插入点旋转，这样其水平线就会与测量的对象对齐并相切绘制。

②否：始终使用 0 旋转角度插入块（默认选项）。

47）Qleader（le）引线标注。

引线设置：

箭头：小点；附着：勾选"最后一行加下划线"。

48）Donut（do）创建实心圆或圆环：圆环的宽度由指定的内直径和外直径决定。内径为 0，则圆环将填充为圆。

49）Laymcur 置当前层：将当前图层设定为选定对象所在的图层。

50）Matchprop（ma）特性匹配（格式刷）：将选定对象的特性应用于其他对象。可应用的特性包括图层、颜色、线型、线型比例、线宽、字高、旋转角度等。

3.2.2　BIM 基础知识

Revit 是 Autodesk 公司的三维参数化建筑设计软件，是创建信息化建筑模型的设计工具。Revit 具有强大的可视化功能，以三维设计为基础理念，直接采用建筑师熟悉的墙体、门窗、楼板、楼梯、屋顶等构件作为命令对象，快速创建出项目的三维虚拟建筑信息模型；可在任何时候、任何地方对设计做任意修改；在创建三维建筑模型的同时将自动生成所有的平面、立面、剖面和明细表等视图。

（1）设计基础。

1）项目。在 Revit 中，新建一个文件是指新建一个项目文件。项目是指单个设计信息数据库——建筑信息模型。项目文件包含完整的三维建筑模型、所有的设计视图（平、立、剖、明细表等）和施工图图纸等信息。当项目文件是最终完成并交付的文件，其后缀名为".rvt"。

2）图元。在 Revit 中有三种类型的图元，分别是模型图元、基准图元和视图专有图元。

3）类别。类别是一组用于对建筑设计进行建模或记录的图元，用于为图元进一步分类（图 3-6）。

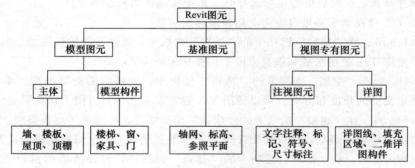

图 3-6　为图元分类

4）族。族是某一类别中图元的类，用于根据图元参数的共用、使用方式的相同或图形表示的相似来对图元类别进一步分组。例如，结构柱中的"圆柱"和"矩形柱"都是柱类别中的一族。

（2）新建项目。Revit 的操作界面主要包含应用程序菜单、快速访问工具栏、功能区、选项栏、"属性"选项板、项目浏览器、视图控制栏和状态栏等。

1）样板文件。在样板文件中定义了新建项目默认的初始参数，如度量单位、楼层数量、层高信息、线型和显示信息等。Revit 允许用户自定义自己的样本文件内容，并将其保存为新的".rte"文件。Revit 样板文件的功能与 AutoCAD 的".dwt"文件相同。与 AutoCAD 一样，Revit 自带的样板文件中的符号不完全符合我国国标出图规范的要求，应先需要设置自己的样板文件。在创建项目文件时，可以选择系统默认配置的相关样本文件作为模板。

2）项目设置。与 AutoCAD 一样，使用 Revit 绘图时也要先做必要的准备，即在新建项目文件后，应先进行相应的项目设置才可以开始绘图操作。可以利用"管理"主选项卡中的相应工具对项目进行基本设置：项目信息、项目单位、项目地点、捕捉设置等。

3）图元选择。单选、窗选、交叉窗选、Tab 键。选择图元后，在视图空白处单击或按 Esc 键即可取消选择。

4）创建标高。默认情况下，绘图区域中将显示"楼层平面"视图效果。标高值不是任意设置的，而是根据建筑设计图中的建筑尺寸来确定的。"偏移量"选项用来控制标高值的偏移范围，偏移量可以是正数，也可以是负数。通常情况下，"偏移量"选项的值为 0.0。标高的创建，除了可以使用"直线"工具外，还可以使用"拾取线"工具。拾取线的方法必须在现有参考线的基础上才能使用。创建标高中，在捕捉完标高端点后，既可以通过移动光标的方法来确定标高尺寸，也可以通过输入具体数值的方法来精确确定标高尺寸。复制标高时，若选中了"约束"复选框，在复制过程中只能垂直或水平地移动光标；若选中了"多个"复选框，可以连续复制多个标高，要想取消复制，只需要连续按两次 Esc 键。

5）创建轴网。可采用标高的创建方法和弧形轴线的绘制方法。轴网为楼层平面视图中的图元，只能在各个楼层平面视图中查看轴网的效果。

6）标高和轴网创建完成后，需要锁定绘制好的轴网，保证整个轴网间的距离在后面的绘图过程中不发生改变。

(3) Revit 命令简介。

1）创建命令。

①墙体（Wall）：在"建模"选项卡的"墙体"面板中，选择所需的墙体类型。单击鼠标选择起点，然后单击鼠标选择终点来定义墙体的长度和方向。可以使用 Tab 键在水平和垂直方向上切换墙体的位置。

②柱（Column）：在"建模"选项卡的"结构"面板中，选择所需的柱类型。单击选择柱子的位置。可以使用 Tab 键在水平和垂直方向上切换柱子的位置。

③梁（Beam）：在"建模"选项卡的"结构"面板中，选择所需的梁类型。单击选择梁的起点和终点来定义梁的长度和方向。可以使用 Tab 键在水平和垂直方向上切换梁的位置。

④地板（Floor）：在"建模"选项卡的"建筑"面板中，选择所需的地板类型。单击选择地板的边界线来定义地板的形状。可以使用 Tab 键在水平和垂直方向上切换地板的位置。

⑤窗户（Window）：在"建模"选项卡的"建筑"面板中，选择所需的窗户类型。单击选择窗户的位置并拖动来定义窗户的大小和形状。可以使用 Tab 键在水平和垂直方向上切换窗户的位置。

⑥门（Door）：在"建模"选项卡的"建筑"面板中，选择所需的门类型。单击选择门的位置并拖动来定义门的大小和形状。可以使用 Tab 键在水平和垂直方向上切换门的位置。

2）编辑命令。

①移动（Move）：在"修改"选项卡的"编辑"面板中，选择要移动的元素。拖动鼠标来移动元素到新的位置。

②复制（Copy）：在"修改"选项卡的"编辑"面板中，选择要复制的元素。指定基点和目标点来复制元素到新的位置。

③旋转（Rotate）：在"修改"选项卡的"编辑"面板中，选择要旋转的元素。指定旋转中心点和旋转角度来旋转元素。

④缩放（Scale）：在"修改"选项卡的"编辑"面板中，选择要缩放的元素。指定缩放中心点和缩放比例来缩放元素。

⑤修改（Modify）：在"修改"选项卡的"修改"面板中，选择要修改的元素。使用属性面板来更改元素的属性，如高度、宽度、材质等。使用编辑面板中的命令来修改元素的几何形状，如剪切、延伸、修剪等。

3）视图命令。

①平面视图（Plan View）：在"视图"选项卡的"创建"面板中，选择平面视图类型。选择要查看的楼层，可以通过下拉列表选择或直接单击楼层平面图标。

②立面视图（Elevation View）：在"视图"选项卡的"创建"面板中，选择立面视图类型。选择要查看的立面，可以通过下拉列表选择或直接单击立面图标。

③剖面视图（Section View）：在"视图"选项卡的"创建"面板中，选择剖面视图类型。指定剖面的位置和方向，可以通过拖动剖面线来定义剖面。

④3D 视图（3D View）：在"视图"选项卡的"创建"面板中，选择 3D 视图类型。可以选择不同的视图样式和显示选项来查看三维模型。

4）注释命令。

①标注（Dimension）：在"注释"选项卡的"标注"面板中，选择标注类型。选择要标注的元素，如墙、柱、梁等。指定标注的位置和对齐方式。

②标记（Tag）：在"注释"选项卡的"标记"面板中，选择标记类型。选择要标记的元素，如墙、柱、梁等。指定标记的位置和对齐方式。

③文字（Text）：在"注释"选项卡的"文字"面板中，选择文字类型。指定文字的位置和内容，可以通过键盘输入或选择现有的文字类型。

5）分析命令。

①面积和体积（Area and Volume）：在"分析"选项卡的"测量"面板中，选择面积和体积工具。选择要计算的区域或元素，如房间、墙体、柱子等。查看测量结果并记录面积和体积信息。

②填充区域（Fill Region）：在"分析"选项卡的"填充"面板中，选择填充区域工具。选择要填充的区域，如房间、墙体、柱子等。选择填充的样式和属性，如颜色、透明度等。

③能量分析（Energy Analysis）：在"分析"选项卡的"能源"分析面板中，设置能源分析参数。运行能源分析，Revit 将计算能源使用情况和效率。查看能源分析结果，如能耗、照明负荷等。

3.3 应用技巧

3.3.1 AutoCAD 技巧

（1）在 AutoCAD 中，有时有交点标记在鼠标单击处产生，执行 BLIPMODE 命令，在提示行下输入 OFF 可消除它。

（2）有的用户使用 AutoCAD 时会发现命令中的对话框变成了提示行，如打印命令，控制它的是系统变量 CMDDIA，关掉它就行了。

（3）椭圆命令生成的椭圆是以多义线还是以椭圆为实体是由系统变量 PELLIPSE 决定，当其为 1 时，生成的椭圆是 PLINE。

（4）CMDECHO 变量决定了命令行回显是否产生，其在程序执行中应设为 0。

（5）DIMSCALE 决定了尺寸标注的比例，其值为整数，默认为 1，当图形有了一定比例缩放时，应最好将其改为缩放比例。

（6）BREAK 将实体两点截开，在选取第二点时如用"@"来回答，可由第一点将实体分开。

（7）系统文件 acad.pgp 是一个文本文件，它记录命令缩写内容，用户可自定义它们，格式如下：

＜命令缩写＞　命令名称。

（8）AutoCAD 打印线宽可由颜色设定，这样建筑制图中的各种线型不同、线宽不同的线条可放入不同的层，在层中定义了线型和颜色，而在打印设置中设定线型与颜色的关系，效果良好。

（9）AutoCAD 的 Support 中 ACAD.dwt 为默认模板，利用好它，把常用的层、块、标注类型定义好，再加上标准图框，可省去大量重复工作。

（10）文字标注特殊符号的输入如下：

1）"±"：％％p；

2）"°"：％％d；

3）"φ"：％％c。

（11）不同图形文件中，对象复制采用"Ctrl＋C"组合键，对象粘贴采用"Ctrl＋V"组合键，这是 Windows 标准操作，不是使用 AutoCAD 的复制命令 Copy。

（12）夹点：使用定点设备（光标）选择对象时，对象关键点上出现小方框（蓝色）。当对象处于夹点状态且用户再次选中某个已选定的夹点（红色）时，可对所选对象进行拉伸、拉长、移动、镜像、缩放和旋转等多种操作。

3.3.2　Revit 技巧

（1）使用快捷键：熟悉 Revit 的快捷键可以大幅提高工作效率。例如，按 VV 键可以切换到 3D 视图，按 RR 键可以切换到剖面视图，按 CC 键可以切换到剪切工具等。可以在 Revit 的帮助文档中找到完整的快捷键列表。

（2）使用视图过滤器：视图过滤器可以帮助使用者在大型模型中快速定位和筛选特定的元素。通过定义过滤器规则，可以根据元素属性、类型、参数等进行过滤，并在视图中只显示满足条件的元素。

（3）使用视图范围框：在大型模型中，为了提高性能和导航速度，可以使用视图范围框来限制 Revit 的显示范围。通过调整视图范围框的大小和位置，可以减少视图中需要显示的元素数量，从而提高响应速度。

（4）使用视图详细程度控制：Revit 提供了视图详细程度控制选项，可以根据需要调整视图的详细程度。可以通过减少细节级别、隐藏特定的元素或使用遮挡线来简化视图，以提高性能和可读性。

（5）使用视图模板：视图模板是一种预定义的设置集，可以应用于多个视图，以确保它们具有一致的显示和设置。通过创建和使用视图模板，可以快速应用一致的图层、线型、填充和视图范围等设置，从而提高工作效率并确保一致性。

（6）使用工具集和内容库：Revit 提供了各种工具集和内容库，包括家族、材质、模型等，可以帮助快速构建模型。在开始设计之前，浏览可用的工具集和内容库，并将其导入项目，以便在设计过程中快速访问和使用。

（7）使用分层：在建筑模型中，使用分层可以更好地组织和管理模型的元素。通过为不同的构件、材料或功能定义不同的图层，可以轻松地控制元素的可见性、显示方式和属性，有助于简化模型的复杂性，提高可读性，并方便后续的修改和分析。

（8）使用工作集：团队协作共同使用 Revit 时，使用工作集可以有效地协调和管理模型的编辑。通过将模型分成不同的工作集，每个人可以独立地编辑其分配的部分，并在需要时合并更改。这有助于减少冲突、提高工作效率并确保模型的一致性。

（9）使用视图导航器：视图导航器是 Revit 的一个面板，可以快速浏览和定位到不同的视图。通过在视图导航器中选择视图，可以快速切换到所需的视图，而不必浏览项目浏览器或使用快捷键。

（10）使用视觉样式：Revit 提供了不同的视觉样式，如线框、隐藏线、实体等，可以帮助更好地理解和呈现模型。根据需要，在不同的阶段和目的下选择适当的视觉样式，以便更好地传达设计意图和信息。

（11）使用批注和标记：批注和标记是 Revit 中重要的工具，可以帮助使用者在模型中添加文字、尺寸、标记和注释。合理使用批注和标记可以提高模型的可读性，并能将设计意图更清晰地传达给其他人。

实 训

3.1 实训能力

（1）熟悉建筑制图标准。
（2）掌握运用 CAD 进行建筑绘图的技能。
（3）掌握运用 BIM 进行三维建模的技能。
（4）进一步提高建筑识图能力。
（5）进一步提高 CAD 和 Revit 软件的操作技巧。

3.2 实训方法

学生以 4~6 人为一组，完成一套完整建筑施工图的绘制，并根据绘制的 CAD 图运用 Revit 软件建立 BIM 数字化模型。

3.3 实训程序

模块 1　平面图绘制

平面图一般是由轴线、柱、墙、门、窗、楼梯、台阶、洁具、散水、尺寸标注和说明文字等组成。平面图绘制内容如下：

（1）图形文件设置（图层、图形界限等）。
（2）轴网绘制。
（3）轴线号绘制。
（4）墙线的绘制。
（5）墙线编辑。
（6）门窗洞口编辑。
（7）门窗绘制。
（8）柱绘制。
（9）卫生洁具绘制。
（10）楼梯、电梯绘制。
（11）室外构件绘制。
（12）文字标注。
（13）尺寸标注。
（14）标高和符号（指北针、索引）等绘制。

注：学生可根据自己绘图习惯，自行决定每个内容的绘制顺序。

模块 2　立面图绘制

立面图绘制内容如下：

（1）建筑平面图的预处理。
（2）墙体立面绘制。

(3) 门窗立面绘制。

(4) 其他部件立面绘制。

模块 3 剖面图绘制

剖面图绘制内容如下：

(1) 建筑平面图、立面图的预处理。

(2) 一层剖面图的绘制。

(3) 剖面图中其他部分的绘制。

模块 4 详图绘制

详图绘制内容如下：

(1) 雨篷大样绘制。

(2) 室内外地面及墙体大样绘制。

(3) 楼梯大样绘制。

模块 5 建立 BIM 项目文件

项目文件内容如下：

(1) 新建项目文件。

(2) 项目设置。

(3) 保存项目文件。

(4) 绘制标高。

(5) 绘制轴网。

模块 6 建筑模型建模

建筑模型建模内容如下：

(1) 根据 CAD 图纸导入 Revit 项目并设置基本参数。

(2) 根据 CAD 图纸中的墙体轮廓绘制 Revit 墙体。

(3) 创建楼板和屋顶，并设置其参数。

(4) 绘制楼梯并进行参数化设置。

(5) 在建筑模型中添加门窗，设置类型和参数。

(6) 创建建筑立面，包括墙体、窗户和门的布局。

(7) 设置建筑模型中的参数，如墙体高度、楼板厚度等。

(8) 使用 Revit 的关联和公式功能进行参数化设置。

(9) 添加约束，如垂直、水平约束等。

(10) 添加文字和尺寸标注。

模块 7 建筑可视化和渲染

建筑模型建模内容如下：

(1) 创建相机视图和透视图。

(2) 调整光照和天空设置。

(3) 应用材质和纹理到建筑模型。

(4) 使用 Revit 的渲染工具和效果设置。

(5) 生成高质量的建筑渲染图像。

(6) 创建建筑渲染动画。

教学方法如下:
精讲内容、少讲原则,让学生多练并在练习过程中发现问题、提出问题,教师统一解答。
教学内容如下:
(1) 利用 Offset、Copy 或 Array 绘制平行线。
(2) 正确使用对象捕捉及正交方式绘制图形。
(3) 利用 Copy 和 Move 两种模式绘图(基点－目标点,目标偏移距离)。
(4) 墙的定义,双线墙的绘制与编辑技巧。
(5) 多义线的使用(柱、箭头、轮廓线等)。
(6) 图层的设置及应用(新建、颜色、线型、当前层、开关、冻结解冻、锁定解锁等)。
(7) 尺寸样式设置、尺寸标注标准及技巧。
(8) 文字样式设置、文字标注标准及技巧。
(9) 标高标注标准。
(10) 图块的应用。
(11) 高窗的应用场合及绘制方法。

附件

1. 工程图纸

建筑设计说明

1. 现行的国家有关建筑设计规范、规程和规定
1.1 《办公建筑设计标准》(JGJ/T 67—2019)；
1.2 《民用建筑设计统一标准》(GB 50352—2019)；
1.3 《民用建筑热工设计规范》(GB 50176—2016)；
1.4 《建筑设计防火规范》(2018年版)(GB 50016—2014)；
1.5 《屋面工程技术规范》(GB 50345—2012)；
1.6 《建筑地面设计规范》(GB 50037—2013)；
1.7 《外墙外保温工程技术标准》(JGJ 144—2019)；
1.8 《建筑灭火器配置设计规范》(GB 50140—2005)；
1.9 《房屋建筑制图统一标准》(GB/T 50001—2017)。

2. 项目概况
2.1 本工程为综合楼
2.2 本工程建筑面积 934 m²；
2.3 建筑层数四层，建筑高度15 900 m，一层层高为4.200 m，二、三层层高为3.300 m，四层层高为4.200 m；
2.4 建筑结构形式为框架结构，设计使用年限为50年，抗震设防烈度7度；
2.5 防火设计的耐火等级为一级。

3. 设计标高
3.1 本工程首层地面标高为±0.000 m，相当于绝对标高为25.000 m；
3.2 建筑施工图各层标注的标高为完成面标高（建筑面标高），顶层标高为结构面标高，施工时应核对建筑标高与结构标高；
3.3 本工程标高以m为单位，其他尺寸以mm为单位。

4. 用料说明和室内外装修
4.1 洞口尺寸：平立剖面图中所注的尺寸为结构洞口或墙的定位尺寸，一般以抹灰20 mm作为结构洞口边的尺寸收边。施工时应注意与施工图一致的尺寸收边。
4.2 建筑物的外墙300 mm厚加气混凝土砌块，内隔墙200 mm厚加气混凝土砌块。
4.3 砌块和砌筑砂浆的强度等级按结构施工图施工。
4.4 墙身防潮层：在室内地坪下标高−0.060 m位做20 mm厚1:2水泥砂浆内加水泥重10%硅质密实剂，墙身防潮层。

4.5 墙体封堵
4.5.1 墙体预留洞应对照建筑施工图和设备施工图施工；
4.5.2 墙体预留洞过梁见结构图；
4.5.3 预留洞的封堵：混凝土墙留洞孔按设备专业图纸，待管道设备安装完毕后，用C20混凝土填实；
4.5.4 相关设备专业图纸，符管道设备安装完毕后，用C20混凝土填实；
4.5.4 本工程采用预制配电光箱，施工中应确保内部光缆符合要求。
4.6 墙体抹灰
4.6.1 内墙凡不同材料交接处（包括内墙与梁板交接处），均应钉铺设¢10 mm×10 mm两丝网片，护角宽100 mm，高2 000 mm；
4.6.2 所有房间的饰面砖及踢脚均用1:2水泥砂浆加防水粉加聚内胶铺贴；

4.6.3 窗口及室上墙面的线脚下面均应抹出滴水线；
4.6.4 室外散水按粘结防水砂浆做剧前散水坡出坡300 mm处。

5. 屋面及防水工程
5.1 本工程的屋面部分防水等级为一级，防水层合理使用年限为10年，具体构造见屋面平面图及相应节点详图；
5.2 屋面排水组织见屋面平面图，平屋面部分采用有组织排水，四层平台水平屋面采用无组织排水；雨水管在施工中采取预埋"严禁处污"加保护，严禁处杂物堵人雨水管，并应采取组织面节点详图施工做好防泛水。
5.3 雨篷的防水层为防水砂浆；
5.4 隔汽层的设置：本工程的屋面保温层下部应设置隔汽层，其构造见屋面相应部位的节点详图；
5.5 隔气层与屋面的交接处做法在泛水木井用防水涂膜加强，木构造见屋面相应部位的节点详图；
5.6 本工程卫生间的楼面应做抗水止水性涂膜，地面层板卷边200 mm高C20混凝土防水坎台。
5.7 本工程卫生间地面应较气下相应楼地面标高20 mm。

6. 门窗工程
6.1 建筑主入口采用保温隔热钢玻璃门，内厅采用实木门；
6.2 门窗的制作采用地方框架建筑标准、材料、加工。
6.3 门立面的表示洞口尺寸，门窗加工尺寸要按照装饰面厚度单中承包商予以调整。
6.4 门立面外门窗立面详图见建筑身节点详图，平开门立即体开启方向的图面无开；
6.5 门窗选件、颜色、玻璃等见"门窗表"附注门窗五金件要求为内产防腐材料五金件；
6.6 防火门、防盗门的制作要求；由厂家氯氟系化抛光氯氯做好保温隔汽处理，不得外挂外挂直接
6.6 塑料门窗框与同口之间应用聚氨氟发泡剂和光氯氯做好保温隔汽处理，不得外挂外挂直接
放入墙体，以防门窗周边渗漏。

7. 建筑节能
7.1 该建筑属于公共建筑，应执行《公共建筑节能设计标准》（GB 50189—2015）；
7.2 外墙门、窗采用符合节能国家规范和应规定；
7.3 该建筑处于寒冷地区。

8. 其他
8.1 本工程未尽事宜应按照现行国家、人防、消防、环卫等有关部门审批通过及图纸会审之后方可进行施工。
8.2 本设计待规范、窗未注明者均采用国家标准"玻璃保温塑钢门、窗。

建筑施工图目录

图纸编号	图名	图幅	图纸编号	图名	图幅
建施-1	建筑设计说明	A3	建施-8	①-① 立面图	A3
建施-2	建筑构造做法表	A3	建施-9	①-① 立面图	A3
建施-3	一层平面图	A3	建施-10	①-① 立面图	A3
建施-4	二层平面图	A3	建施-11	①-① 立面图	A3
建施-5	三层平面图	A3	建施-12	1-1剖面图、节点详图	A3
建施-6	四层平面图	A3	建施-13	1号楼梯详图一	A3
建施-7	屋面平面图	A3	建施-14	1号楼梯详图二	A3
				节点详图	A3

工程名称	综合楼	图纸编号	建筑-1

建筑构造做法

名称	作　法	适用范围	备注
散水	1. 50 mm厚C20混凝土撒1:1水泥砂子压实赶光； 2. 150 mm厚碎石夯实灌M5混合砂浆； 3. 500 mm厚中粗砂； 4. 素土夯实，向外坡度为4%	所有散水	预留分隔缝（3.0 m）沥青砂浆
台阶	1. 20 mm厚花岗岩板稀水泥浆擦缝； 2. 素水泥面（洒适量清水）； 3. 30 mm厚1:3干硬性水泥砂浆结合层； 4. 水泥浆结合层一道； 5. 100 mm厚C15细石混凝土，合阶向外坡1%； 6. 150 mm厚碎石或碎砖夯实灌M5混合砂浆； 7. 500 mm厚中砂； 8. 素土夯实	入口台阶	立面
勒脚	1. 花岗岩贴面； 2. 20 mm厚水泥砂浆找平层； 3. 20 mm厚聚合物砂浆Ⅱ型； 4. 20 mm厚聚合物砂浆打底扫毛； 5. 基层墙体	所有勒脚	立面
踢脚	1. 稀水泥浆擦缝； 2. 安装10～20 mm厚地砖； 3. 20 mm厚1:2水泥砂浆灌贴	所有房间	立面
墙面	1. 高级外墙涂料； 2. 分底涂料一道； 3. 5 mm厚抗裂砂浆分两次粉刷，压入耐碱网格布； 4. 20 mm厚聚合物砂浆打底扫毛； 5. 基层墙体	见立面图	外墙面
	1. 喷白色内墙涂料； 2. 5 mm厚1:0.3:2.5水泥石灰砂面层实抹平； 3. 12 mm厚1:1:6水泥石灰砂浆打底扫毛； 4. 墙体	所有房间	内墙
地面	1. 8～10 mm厚铺防滑地砖水泥浆擦缝； 2. 素水泥面（洒适量清水）； 3. 20 mm厚1:4干硬性水泥砂浆结合层； 4. 水泥浆结合层一道； 5. 高分子卷材防水层，周边立墙10%防水剂； 6. 20 mm厚1:3水泥砂浆找平层； 7. 100 mm厚C15细石混凝土； 8. 150 mm厚碎石或碎砖夯实灌M5混合砂浆	卫生间有水房间	参见10J121

名称	作　法	适用范围	备注
地面	1. 20 mm厚花岗岩板铺，灌稀水泥浆擦缝； 2. 素水泥面（洒适量清水）； 3. 30 mm厚1:4干硬性水泥砂浆结合层； 4. 100 mm厚C15细石混凝土； 5. 150 mm厚碎石或碎砖夯实灌M5混合砂浆； 6. 素土夯实	所有房间	
楼面	1. 20 mm厚花岗岩板铺，灌稀水泥浆擦缝； 2. 素水泥面（洒适量清水）； 3. 20 mm厚1:4干硬性水泥砂浆结合层； 4. 20 mm厚1:3水泥砂浆找平层； 5. 水泥浆一道（内掺建筑胶）； 6. 现浇钢筋混凝土楼板	所有房间	
	1. 8～10 mm厚铺防滑地砖地面干水泥浆擦缝； 2. 素水泥面（洒适量清水）； 3. 20 mm厚1:4干硬性水泥砂浆结合层； 4. 水泥浆结合层一道； 5. 高分子卷材防水层周边立卷边150 mm； 6. 20 mm厚1:3水泥砂浆找坡向地漏，1%找坡（内掺建筑胶）； 7. 水泥浆一道（内掺建筑胶）； 8. 现浇钢筋混凝土楼板	卫生间有水房间	
屋面	1. 20 mm厚花岗岩饰面层，稀水泥浆擦缝； 2. 20 mm厚1:4干硬性水泥砂浆找平； 3. 4厚SBS卷材防水层一道； 4. 20 mm厚1:6水泥砂浆最薄处，厚30 mm找2%； 5. 90 mm厚渣垫层最薄处2%； 6. 现浇钢筋混凝土屋面板	上人屋面	三层屋面
	1. 刷着色涂料保护层； 2. 4 mm厚SBS卷材防水层一道； 3. 20 mm厚1:3水泥砂浆找平，刷冷底子油一道； 4. 1:6水泥焦渣最薄处厚30 mm找坡2%； 5. 90 mm厚SY膨胀玻化微珠保温砂浆； 6. 钢筋混凝土屋面板	非上人屋面	四层屋面

注：本工程装修需与建设单位确定，方可施工。

| 工程名称 | 综合楼 | 图名 | 建筑构造做法表 | 图纸编号 | 建筑-2 |

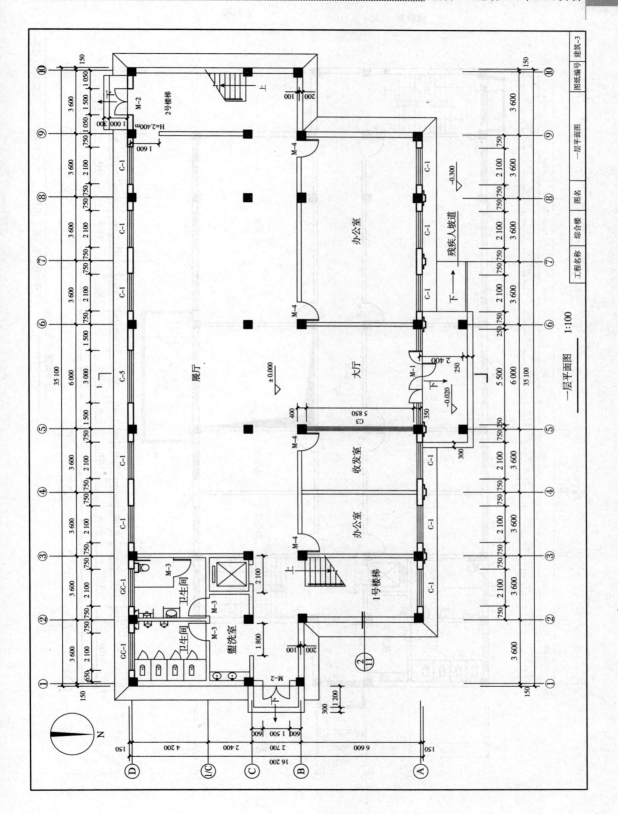

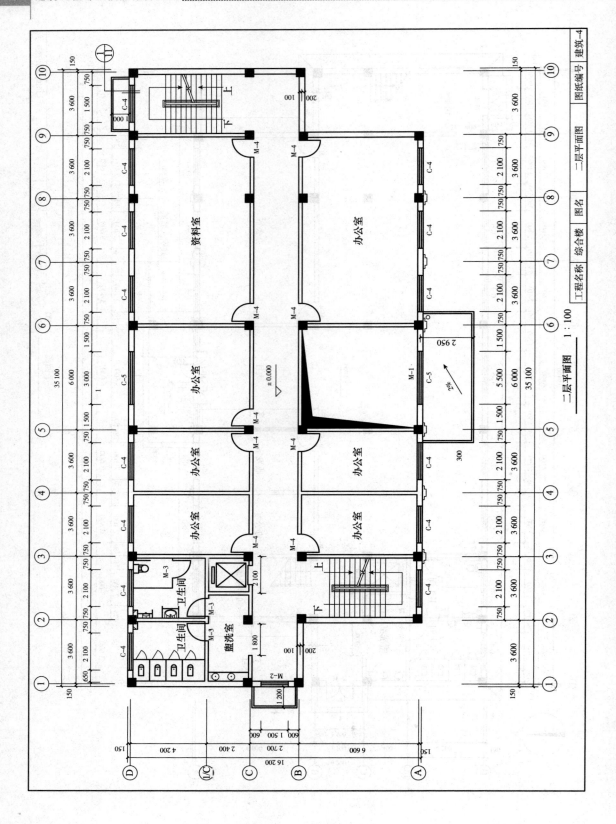

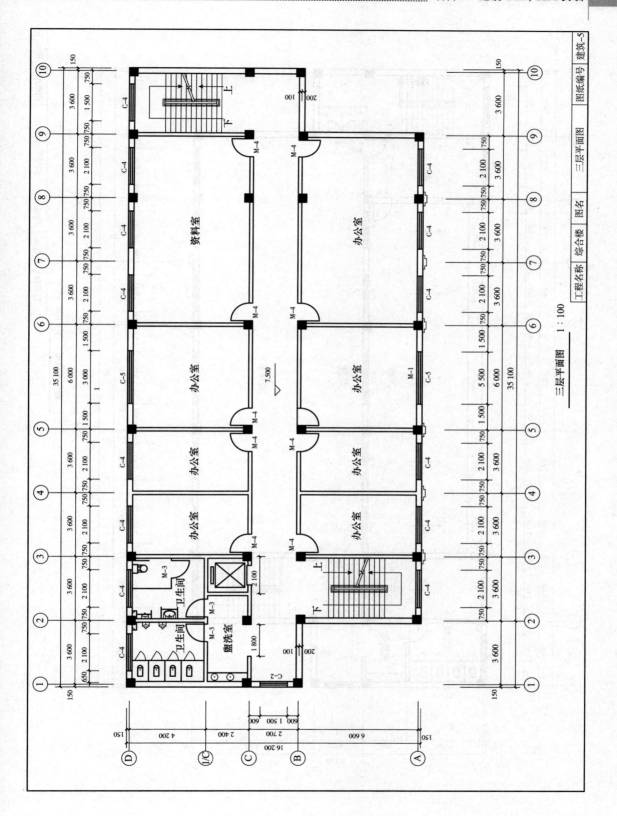

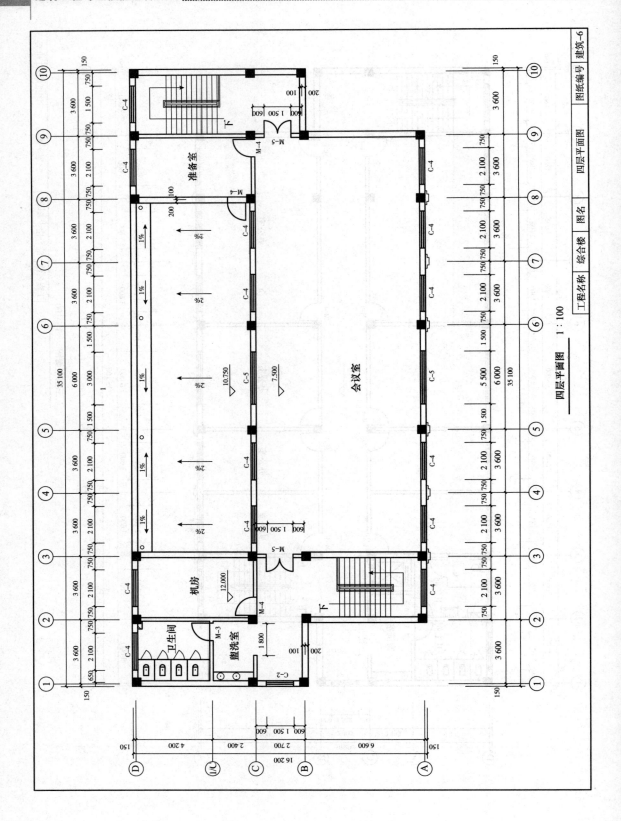

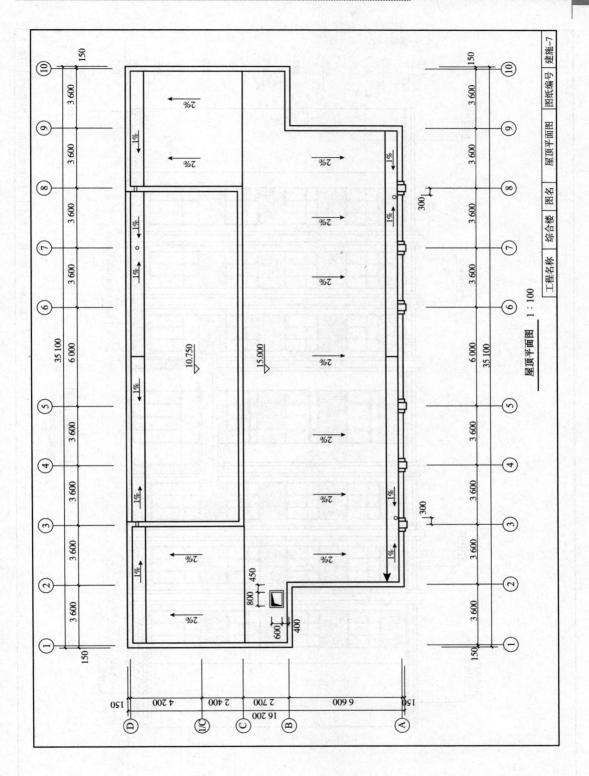

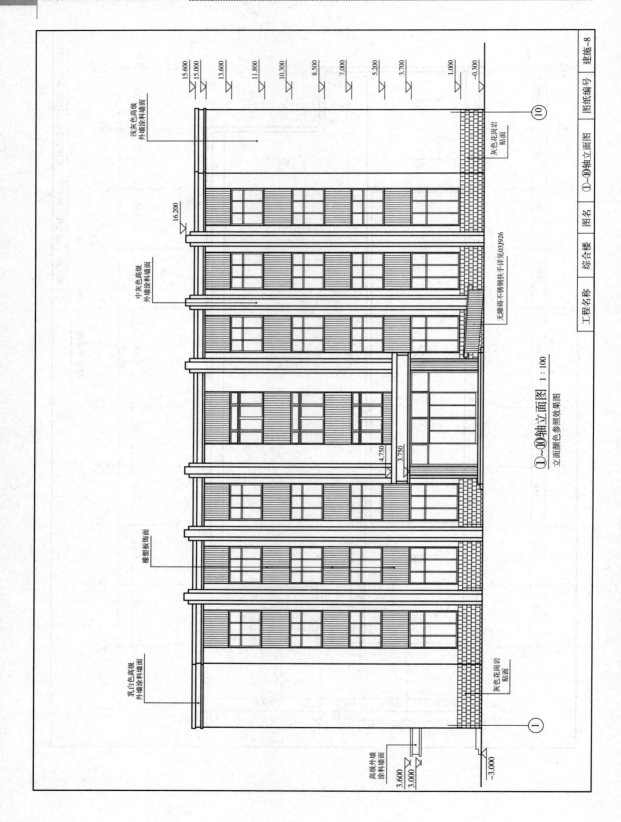

项目 3　建筑 CAD/BIM 实训

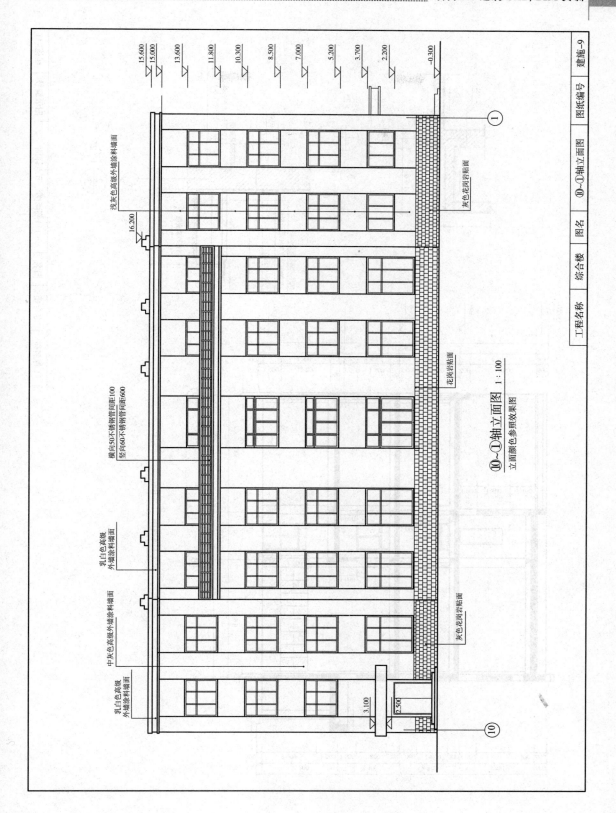

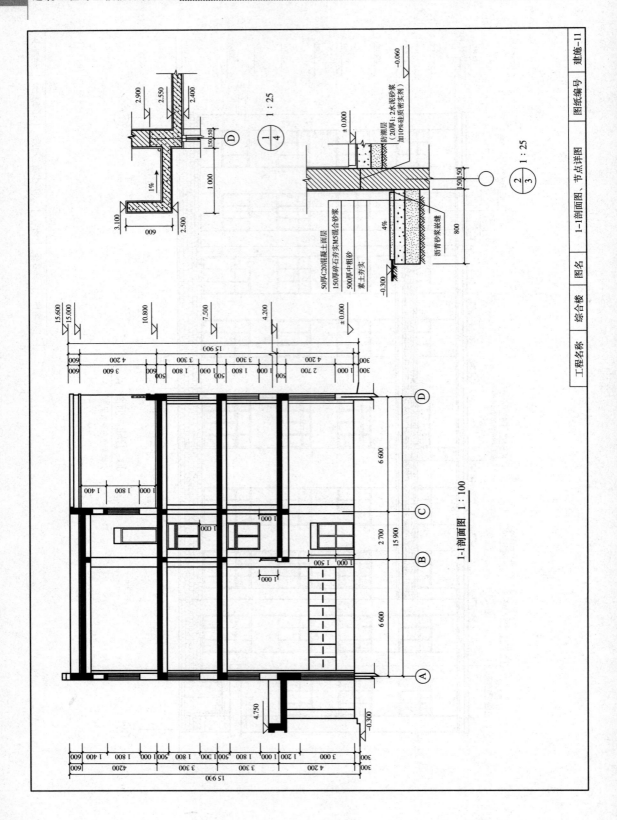

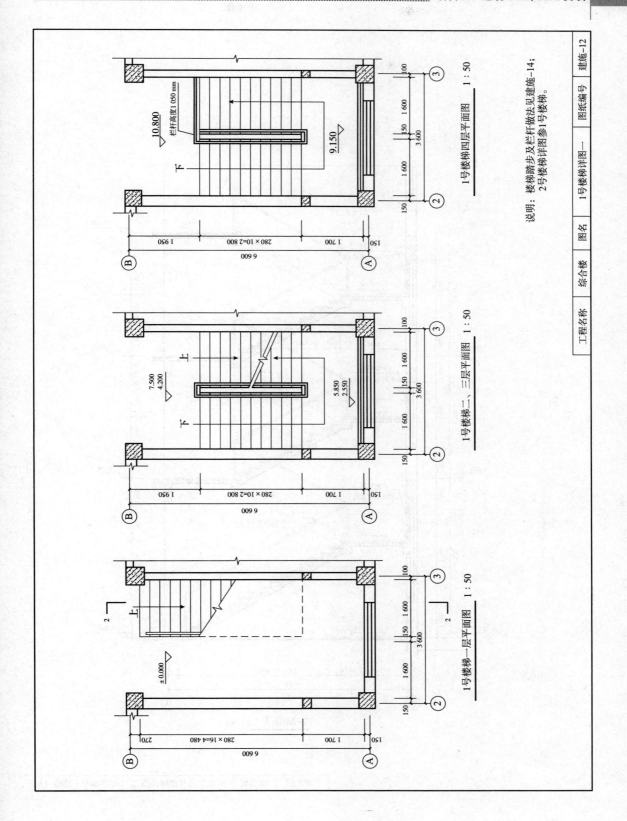

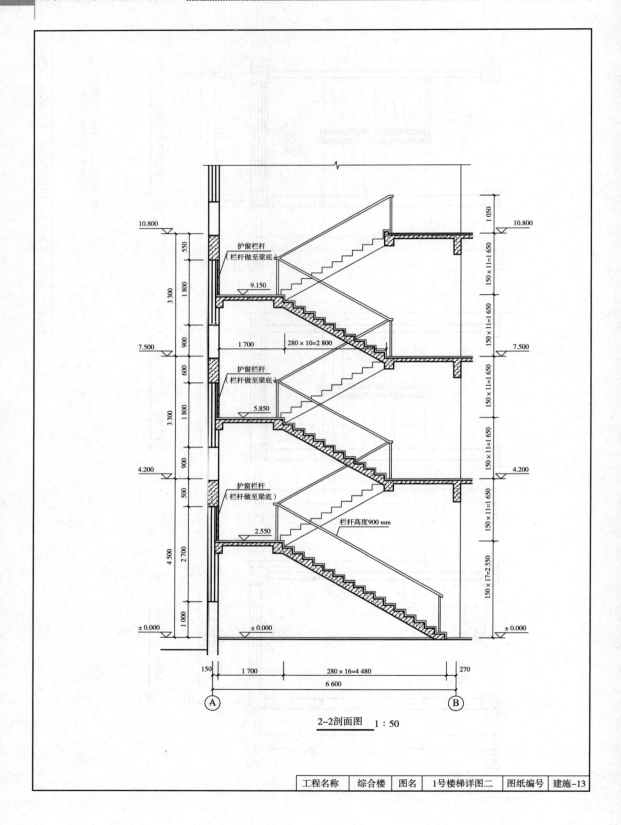

2-2剖面图 1:50

2. 参考资料

（1）《房屋建筑制图统一标准》（GB/T 50001—2017）。

（2）《建筑 CAD》，施佩娟主编，机械工业出版社，2018 年。

（3）《AutoCAD 2014 建筑设计实用教程》，赵研、韩应江主编，机械工业出版社，2017 年。

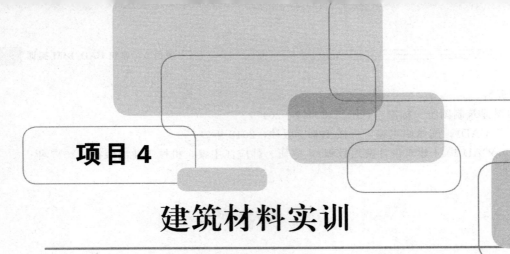

项目 4 建筑材料实训

建筑材料试验是重要的实践性教学环节,是建筑材料教学的重要组成部分。通过试验,学生能够丰富建筑材料的理论知识,加深对材料知识的理解,从而更好地掌握建筑材料知识,为今后从事设计、施工、科学研究打下良好的基础。

知识目标

通过实践操作,学生掌握常用工程材料的性能及其应用,掌握常用工程材料的检测方法和检测技术,加强对材料性能的认识,以利于理论联系实际,具备相关工作岗位必备的基本知识并能运用所学知识处理工程中的一些实际问题。

能力目标

(1) 具备对主要工程材料的物理力学性能,出具检测报告并判断结果的能力。
(2) 具备对各类工程材料进行快速辨识和判断的能力。
(3) 具备对工程材料能进行合理选用的能力。
(4) 熟悉和掌握建筑材料技术性能和技术标准,并具备将其应用于工程实践的能力。

素质目标

(1) 树立学生的民族国家自豪感、责任感。
(2) 帮助学生建立法律意识,遵纪守法,自觉遵守职业道德和行业规范。
(3) 提高学习能力及分析问题、解决问题的能力,提高实践能力,培养创新精神。
(4) 促进学生建立正确的价值观,使其具有爱岗敬业的职业精神。
(5) 培养学生实事求是、治学严谨的工作态度。

项目4　建筑材料实训

本部分理论知识只是实训学习的引导，详细知识的学习自行查阅相关资料。

4.1　建筑材料的概念

建筑材料是指组成建筑物或构筑物各部分实体的材料。随着历史的发展、社会的进步、科学技术的不断创新，建筑材料的内涵也在不断丰富。从人类文明发展早期的木材、石材等天然材料到近代以水泥、混凝土、钢材为代表的主体的建筑材料，再发展到现代由金属材料、高分子材料、无机硅酸盐材料互相结合而产生的复合材料，形成了建筑材料的大家族。

建筑材料是建筑工程材料的物质基础，一般建筑工程的材料费用要占到总投资的50%~60%。任何一个建筑物或构筑物都是由各种散体建筑材料经过缜密的设计和复杂的施工最终构建而成。

4.2　建筑材料的分类

建筑材料按其在建筑物中所处的部位可分为基础、主体、屋面、地面等材料。

建筑材料按其使用功能可分为结构（梁、板、柱、墙体）材料、围护材料、保温隔热材料、防水材料、装饰装修材料、吸声隔声材料等。

建筑材料按材料的化学成分和组成的特点分为无机材料、有机材料和这两类材料复合而成的复合材料。

4.3　建筑材料的技术标准

建筑材料的生产和选用有关的标准主要有产品标准和工程建设标准两类。

产品标准是为保证建筑材料产品的适用性，对产品必须达到的某些或全部要求所制定的标准，包含品种、规格、技术性能、试验方法、检验规则、包装、储藏、运输等内容。

工程建设标准是对工程建设中的勘察、规划、设计、施工、安装、验收等需要协调统一的事项所制定的标准，其中结构设计规范、施工验收规范中有与建筑材料的选用相关的内容。

本实训主要依据的是国内标准，分为国家标准和行业标准。

国家标准由国家质量监督检验检疫总局发布或各行业主管部门和国家质量监督检验检疫总局联合发布，作为国家级的标准，各有关行业都必须执行。

国家标准代号由标准名称、标准发布机构的组织代号、标准号和标准颁布时间4部分组成。例如《通用硅酸盐水泥》（GB 175—2007）为国家标准，其中的标准名称为通用硅酸盐水泥，标准发布机构的组织代号为GB（国家标准），标准号为175，颁布时间为2007年。

行业标准由我国各行业主管部门批准，在特定行业内执行，其分为建筑材料（JC）、建筑工程（JGJ）、石油工业（SY）、冶金工业（YB）等，其标准代号组成与国家标准相同。

除此，国内各地方和企业还有地方标准、企业标准和团体标准供使用。

4.4　建筑材料的孔隙

材料实体内部和实体间营常部分被空气所占据，材料实体内部被空气所占据的空间为孔隙，而材料实体之间被空气所占据的空间称为空隙。

孔隙（图 4-1）一般由材料自然形成或人工制造过程中各种内、外界因素所致而产生的，主要形成原因是有水占据作用（混凝土、石膏制品）、火山作用（浮石、火山渣等）、外加剂作用（加气混凝土、泡沫塑料等）、焙烧作用（陶粒、烧结砖等）。

材料的孔隙状况由孔隙率、孔隙连通性和孔隙直径 3 个指标来说明。

固体材料的体积构成：固体材料的总体积包括固体物质体积与孔隙体积两部分，按常温、常压下水能否进入分为开口孔隙和闭口孔隙。

散粒材料的堆积体积构成：散粒材料的堆积体积包括颗粒中固体物质体积、孔隙体积和颗粒间空隙体积 3 部分，如图 4-1 所示。

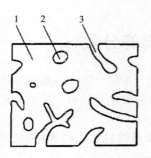 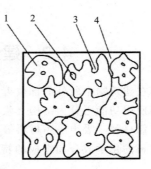

图 4-1　孔隙
1—颗粒中的固体物质；2—闭口孔隙；3—开口孔隙；4—颗粒间的空隙

孔隙率是指孔隙在材料体积中所占的比例。孔隙率越大，材料的密度越小、强度越低、保温隔热性越好、吸声隔声能力越高。

孔隙按其连通性可分为连通孔和封闭孔。连通孔是指孔隙之间、孔隙和外界之间都连通的孔隙（木材、矿渣）；封闭孔是指孔隙之间、孔隙和外界之间都不连通的孔隙（发泡聚苯乙烯、陶粒）；介于两者之间的为半连通孔或半封闭孔。连通孔对材料的吸水性、吸声性影响大，封闭孔对材料的保温隔热性能影响大。

孔隙按其直径的大小可分为粗大孔、毛细孔、极细微孔 3 类。粗大孔直径大于 1 mm 的孔隙，主要影响材料的密度、强度等性能。毛细孔是指直径在微米级到毫米级的孔隙，主要影响材料的吸水性、抗冻性等性能。

4.5　建筑材料的基本性质

物理性质：包括材料的密度、孔隙状态、与水有关性质、热工性能等。
化学性质：包括材料的抗腐蚀性、化学稳定性等。

力学性质：包括材料的强度、变形、脆性和韧性、硬度和耐磨性等。

耐久性：材料的耐久性是一项综合性质，是指材料使用过程中，在内、外部因素的作用下，经久不破坏、不变质，保持原有性能的性质。

4.5.1 材料与质量有关的性质

(1) 密度：材料的密度是指材料在绝对密实状态下，单位体积的质量。

$$\rho = \frac{m}{V}$$

式中 ρ——材料的密度（g/cm³ 或 kg/m³）；

m——材料的质量（g 或 kg）；

V——材料在绝对密实状态下的体积（cm³ 或 m³）。

对于绝对密实而外形规则的材料如钢材、玻璃等，V 可采用测量计算的方法求得。对于可研磨的非密实材料，如砌块、石膏，V 可采用研磨成细粉，再用密度瓶测定的方法求出。

(2) 表观密度：材料在包含闭口孔条件下单位体积的质量。

$$\rho' = \frac{m}{V'}$$

式中 ρ'——材料的表观密度（g/cm³ 或 kg/m³）；

m——材料的质量（g 或 kg）；

V'——材料在自然体积状态下不含开口孔隙的体积（cm³ 或 m³）。

对于颗粒状外形不规则的坚硬颗粒，如砂或石子，V 可采用排水法测得，此时所得体积为表观体积 V'，此类材料采用表观密度。

(3) 体积密度：材料的体积密度是材料在自然状态下，单位体积的质量。

$$\rho_0 = \frac{m}{V_0}$$

式中 ρ_0——材料的体积密度（g/cm³ 或 kg/m³）；

m——材料的质量（g 或 kg）；

V_0——试样的自然体积（cm³ 或 m³）。

材料自然体积的测量，对于外形规则的材料，如烧结砖、砌块，可采用测量计算方法求得。对于外形不规则的散粒材料，也可采用排水法，但材料需经涂蜡处理。根据材料在自然状态下含水情况的不同，体积密度又可分为干燥体积密度、气干体积密度（在空气中自然干燥）等几种。

(4) 堆积密度：材料的堆积密度是指粉状、颗粒状或纤维材料在堆积状态下单位体积的质量。

$$\rho'_0 = \frac{m}{V'_0}$$

式中 ρ'_0——材料的堆积密度（g/cm³ 或 kg/m³）；

m——材料的质量（g 或 kg）；

V'_0——材料的堆积体积（cm³ 或 m³）。

(5) 密实度：材料的体积内，被固体物质充满的程度，用 D 表示：

$$D = \frac{V}{V_0} \times 100\% = \frac{\rho_0}{\rho} \times 100\%$$

(6) 孔隙率：在材料的体积内，孔隙体积所占的比例，用 P 表示：

$$P = \frac{V_0 - V}{V_0} \times 100\% = (1 - \frac{\rho_0}{\rho}) \times 100\%$$

(7) 填充率：散粒材料在其自然堆积体积中，被颗粒实体体积填充的程度，用 D' 表示：

$$D' = \frac{V_0}{V_0'} \times 100\% = \frac{\rho_0'}{\rho_0} \times 100\%$$

(8) 空隙率：散粒材料在自然堆积体积内，颗粒之间的空隙体积所占的比例，以 P' 表示：

$$P' = (1 - \frac{V_0}{V_0'}) \times 100\% = (1 - \frac{\rho_0'}{\rho_0}) \times 100\%$$

4.5.2 材料与水有关的性质

(1) 亲水性和憎水性。

亲水性：说明材料与水之间的作用力要大于水分子之间的作用力，故材料可被水浸润，称该种材料是亲水的。

憎水性：材料与水之间的作用力要小于水分子之间的作用力，材料不可被水浸润，称该种材料是憎水的。

(2) 吸水性：材料在水中吸收水分达饱和的能力，吸水性有质量吸水率和体积吸水率两种表达方式。

$$W_W = \frac{m_2 - m_1}{m_1} \times 100\%$$

$$W_V = \frac{V_W}{V_0} \times 100\% = \frac{m_2 - m_1}{V_0} \times \frac{1}{\rho_w} \times 100\%$$

式中　W_W ——质量吸水率（%）；
　　　W_V ——体积吸水率（%）；
　　　m_2 ——材料在吸水饱和状态下的质量（g）；
　　　m_1 ——材料在绝对干燥状态下的质量（g）；
　　　V_W ——材料所吸收水分的体积（cm³）；
　　　V_0 ——材料的自然体积（cm³）；
　　　ρ_w ——水的密度，常温下可取 1 g/cm³。

对于质量吸水率大于 100% 的材料，如木材等通常采用体积吸水率，而对于大多数材料，经常采用质量吸水率。

$$W_V = W_W \rho_0$$

(3) 吸湿性：材料在潮湿空气中吸收水分的能力。

$$W = \frac{m_k - m_1}{m_1}$$

式中　W ——材料的含水率（%）；
　　　m_k ——材料吸湿后的质量（g）；
　　　m_1 ——材料在绝对干燥状态下的质量（g）。

影响材料吸湿性的因素，除材料本身（化学组成、结构、构造、孔隙），还与环境的温度和湿度均有关。

$$K_P = \frac{f_w}{f}$$

(4)耐水性:材料在长期饱和水的作用下,不破坏、强度也不显著降低的性质,用软化系数表示:

$$K_P = \frac{f_w}{f}$$

式中 K_P——软化系数,其取值为 0~1;
f_w——材料在吸水饱和状态下的抗压强度(MPa);
f——材料在绝对干燥状态下的质量(MPa)。

软化系数越小,说明材料的耐水性越差,通常 K_P 大于 0.80 的材料,可视为耐水材料。

(5)抗渗性:材料抵抗压力水或其他液体渗透的性质。抗渗性用渗透系数表示:

$$k = \frac{Qd}{HAt}$$

式中 Q——透过材料试件的水量(cm³);
H——水头差(cm);
A——渗水面积(cm²);
d——试件厚度(cm);
t——渗水时间(h);
k——渗透系数(cm/h)。

渗透系数越小,说明材料的抗渗性越强。材料抗渗性的高低,与孔隙率及孔隙形态特征有关。开口大孔易渗水,抗渗性最差。

许多材料中常含有孔隙、孔洞或其他缺陷,当材料两侧的水压差较高时,水可能从高压侧通过内部的孔隙、孔洞或其他缺陷渗透到低压侧。这种压力水的渗透,不仅会影响工程的使用,而且渗透的水还会带入能腐蚀材料的介质,或将材料内的某些成分带出,造成材料的破坏。经常受压力水作用的地下工程及水利工程等,应选用具有一定抗渗性的材料。

材料的抗渗性,也可用抗渗等级 P 表示,在标准试验条件下,材料的最大渗水压力(MPa)。

如抗渗等级为 P6,表示该种材料的最大渗水压力为 0.6MPa。

(6)抗冻性:抗冻性是指材料在吸水饱和状态下,抵抗多次冻融循环,不破坏、强度也不显著降低的性质。

材料的抗冻等级 F 表示。抗冻等级是以试件在吸水饱和状态下,经冻融循环作用(在 −15 ℃的温度冻结后,再在 20 ℃的水中融化,为一次冻融循环),质量损失不大于 5%,强度下降均不大于 25%,超过规定数值的最大冻融循环次数来表示。抗冻等级 F10 表示在标准试验条件下,材料强度下降不大于 25%,质量损失不大于 5%,所能经受的冻融循环的次数最多为 10 次。抗冻等级越高,材料的抗冻能力越强。

4.5.3 材料与热有关的性质

(1)导热性:导热性是指材料传导热量的能力,用导热系数来表示。

$$\lambda = \frac{Qd}{(T_1 - T_2)At}$$

式中 λ——导热系数[W/(m·K)];
$T_1 - T_2$——材料两侧温差(K);
d——材料厚度(m);

A —— 材料导热面积（m²）；

t —— 导热时间（s）。

材料的导热系数越小，表示其绝热性能越好。

通常气体的导热系数＜液体的导热系数＜固体的导热系数。

（2）热容：材料受热时吸收热量、冷却时放出热量的性质称为热容。

其大小用比热容（单位质量的材料温度升高 1 K 或降低 1 K 时所吸收或放出的热量）来表示。

$$C = \frac{Q}{m(T_1 - T_2)}$$

式中　Q —— 材料吸收（或放出）的热量（J）；

m —— 材料的质量（g）；

$T_1 - T_2$ —— 材料受热（或冷却）前后的温度差（K）；

C —— 材料的比热容［J/（g·K）］。

比热容的大小直接影响建筑内部空间的温度变化率。

设计过程中选用导热系数较小而热容量较大的材料，有利于保持建筑物室内温度的稳定性。

（3）耐燃性和耐火性。

耐燃性：材料在火焰和高温作用下可否燃烧的性质。

在建筑物的不同部位，根据其使用特点和重要性选择不同耐燃性材料。

耐火性：材料在火焰和高温作用下，保持其不破坏、性能不明显下降的能力。用其耐受时间（h）来表示，称为耐火极限。

4.5.4　材料的力学性质

（1）材料的强度。材料在外力作用下抵抗破坏的能力称为强度。强度通常以强度极限来表示，强度极限即单位受力面积所能承受的最大荷载，或者描述为材料在外力作用下发生破坏时的极限应力值，常用"f"表示。材料强度的单位为 MPa。

材料的强度按受力方式不同，分为抗压强度、抗拉强度、抗剪强度和抗弯（或抗折）强度，如图 4-2 所示。

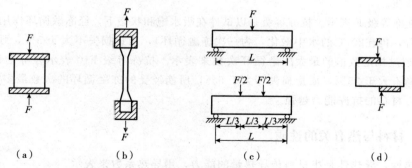

图 4-2　材料强度

(a) 抗压强度；(b) 抗拉强度；(d) 抗剪强度；(c) 抗弯强度

抗压、抗拉、抗剪强度可按下式计算

$$f = \frac{P_{max}}{A}$$

式中　f——材料抗压、抗拉、抗剪强度（MPa）；

　　　P_{max}——材料受压、受拉、受剪破坏时的极限荷载值（N）；

　　　A——材料受力的截面面积（mm^2）。

材料的抗弯强度因外力作用形式的不同而不同，一般采用的是矩形截面，试件放在两支点间，在跨中点处作用有集中荷载，抗弯（抗折）强度可按下式计算：

$$f = \frac{3P_{max}L}{2bh^2}$$

式中　f_t——材料的抗弯（抗折）强度（MPa）；

　　　P_{max}——时间破坏时的极限荷载值（N）；

　　　L——试件两支点的间距（mm）；

　　　b、h——试件矩形截面的宽和高（mm）。

（2）影响强度试验结果因素。

1）试件的形状和大小：大试件的强度小于小试件的强度。棱柱体试件的强度要小于同样尺度的正方体试件的强度。

2）加荷速度：强度试验时，加荷速度越快，所测强度值越高。

3）温度：试件温度越高，所测强度值越低。但钢材在温度下降到某一负温时，其强度值会突然下降很多。

4）含水状况：含水试件的强度较干燥试件低。

5）表面状况：抗压试验时，承压板与试件间摩擦越小，所测强度值越低。

材料的强度试验结果受多种因素影响，在进行某种材料的强度试验时，必须按相应的统一规范或标准进行，不得随意改变试验条件。

对于以力学性质为主要性能指标的材料，通常按其强度值的大小划分成若干等级。脆性材料（混凝土、水泥等）主要以抗压强度来划分等级，塑性材料（钢材等）以抗拉强度来划分。强度值和强度等级不能混淆，前者是表示材料力学性质的指标，后者是根据强度值划分的级别。

（3）比强度：材料的强度与其体积密度之比，是衡量材料轻质高强性能的指标。

（4）弹性：材料在外力作用下产生变形，当外力消除后，能够完全恢复原来形状的性质称为弹性，这种变形称为弹性变形。

（5）塑性：材料在外力作用下产生变形而不出现裂缝，当外力消除后，不能够自动恢复原来形状的性质称为塑性，而这种变形称为塑性变形。

（6）脆性：材料在外力作用下，直至断裂前只发生很小的弹性变形，不出现塑性变形而突然破坏的性质称为脆性。具有这种性质的材料称为脆性材料。脆性材料抵抗冲击或振动荷载的能力差，故常用于承受静压力作用的工程部位（如基础、墙体、柱子、墩座等）。

（7）韧性：材料在冲击或振动荷载作用下，能产生较大的变形而不致破坏的性质称为韧性，具有这种性质的材料称为韧性材料。在建筑工程中，承受冲击荷载和有抗震要求的结构，应采用高韧性的材料。

（8）硬度：材料表面抵抗硬物压入或刻划的能力称为硬度。测定硬度的方法有多种，通常有刻划法、压入法和回弹法三种，对不同材料测定硬度的方法不同。

（9）耐磨性：材料表面抵抗磨损的能力称为材料的耐磨性。材料的耐磨性用磨损率表示，磨损率越低，表明材料的耐磨性越好。

4.6 胶凝材料

4.6.1 胶凝材料的概念

在建筑工程中,经过一系列物理、化学作用后能产生凝结硬化,将散粒材料或块状材料黏结成为一个整体的材料,统称为胶凝材料。建筑上使用的胶凝材料按其化学组成可分为有机和无机两类。无机胶凝材料按硬化条件的不同可分为气硬性胶凝材料和水硬性胶凝材料。

气硬性胶凝材料只能在空气中凝结硬化,保持或继续提高其强度。气硬性胶凝材料一般只适用于干燥环境,不宜用于潮湿环境,更不能用于水中。常用的气硬性胶凝材料有石灰、石膏、水玻璃等。

水硬性的胶凝材料是指既能在空气中硬化,更能在水中凝结、硬化、保持和发展强度的胶凝材料,如各种水泥。

4.6.2 水泥

加适量水拌和成塑性浆体后,能胶结砂、石等材料,并能在空气和水中硬化的粉状水硬性胶凝材料称为水泥。

4.6.3 通用硅酸盐水泥

以硅酸盐水泥熟料、适量的石膏及规定的混合材料制成的水硬性胶凝材料称为通用硅酸盐水泥。通用硅酸盐水泥根据混合材料的品种及掺量分为硅酸盐水泥、普通硅酸盐水泥、矿渣硅酸盐水泥、火山灰质硅酸盐水泥、粉煤灰硅酸盐水泥和复合硅酸盐水泥。

4.6.4 通用硅酸盐水泥的技术性质

(1) 水泥的细度:水泥颗粒的粗细程度。水泥的凝结时间、收缩性、强度都与水泥的细度有关。当水泥颗粒小于40 μm 时,才具有较高的活性。

(2) 水泥净浆标准稠度:水泥净浆以标准方法拌制、测试并达到规定的可塑性程度时的稠度。水泥净浆达到标准稠度时所需用水量为水泥静浆标准稠度用水量,用水和水泥质量之比的百分数表示。各种水泥的矿物成分、细度不同,拌和成标准稠度时的用水量各不相同,水泥的标准稠度用水量为24%~33%。测定水泥凝结时间和体积安定性时必须采用标准稠度水泥净浆。

(3) 水泥的凝结时间:水泥的凝结时间分为初凝时间和终凝时间。初凝时间是指水泥从加水到标准净浆开始失去可塑性的时间;终凝时间是指水泥加水到标准净浆完全失去可塑性的时间。水泥的凝结时间在工程施工中有重要意义。为有足够的时间对混凝土进行搅拌、运输、浇筑和振捣,初凝时间不宜过短;为使混凝土尽快硬化具有一定强度,应尽快拆除模板,提高模板周转率,提高工作效率,加快施工进度,终凝时间不宜过长。

(4) 体积安定性:水泥在凝结硬化过程中体积变化的均匀性。当水泥浆体在硬化过程中体积发生不均匀变化时,会导致水泥制品膨胀、翘曲、产生裂缝等。安定性不良的水泥会降低建筑物质量，甚至引起严重事故。水泥体积安定性不良的原因是水泥熟料中游离氧化钙、游离氧化镁过多或生产水泥时石膏掺量过多，以上物质在水泥硬化后开始或继续进行水化反应，其水化产物体积膨胀使水泥石开裂。国家标准规定，硅酸盐水泥和普通硅酸盐水泥用沸煮法检验必须合格。沸煮法包括试饼法和雷氏法两种。当两种方法发生争议时，以雷氏法为准。

（5）水泥的强度：水泥的强度是评定其质量的重要指标。水泥等级按规定龄期的抗压强度和抗折强度来划分，按水泥胶砂强度检验方法（ISO法）测定其强度，各强度等级的各龄期强度不得低于《通用硅酸盐水泥》（GB 175—2007）中的规定。

（6）水泥水化热：水泥在水化过程中放出的热量。为了避免由于温度应力引起水泥石的开裂，在大体积混凝土中不宜采用水化热较大的水泥。但在冬期施工时，水化热有利于水泥的凝结、硬化和提高混凝土的抗冻性。

4.7 建筑用砂、石

4.7.1 砂

（1）砂的定义：公称粒径小于5.00 mm的岩石颗粒。

（2）砂的粗细程度：不同粒径的砂粒混合在一起的平均粗细程度。在砂用量相同的条件下，若砂子过细，则砂的总表面积就较大，需要包裹砂粒表面的水泥浆数量多，水泥量就多；若砂子过粗，虽节约水泥的用量，但混凝土拌合物黏聚性较差，容易发生分层离析现象。混凝土用砂粗细应适中。

（3）砂的颗粒级配：砂的颗粒级配是指大小不同粒径的砂粒相互之间的搭配情况。在混凝土中砂粒之间的空隙是由水泥浆填充，为了节约水泥和提高混凝土强度，应尽量减小砂粒之间的空隙。

混凝土的用砂应同时考虑砂的粗细程度和颗粒级配。当砂的颗粒较粗且级配良好时，砂的空隙率和总表面积均较小，这样不仅节约水泥，还可以提高混凝土的强度和密实性。

（4）砂的筛分：砂的粗细程度和颗粒级配常用筛分析方法进行评定，砂筛应采用方孔筛。筛分析法是用一套公称直径分别为5.00 mm、2.50 mm、1.25 mm、600 μm、315 μm、160 μm的标准方孔筛，筛的底盘和盖各一只；将500g干砂试样倒入按筛孔尺寸大小从上到下组合的套筛上进行筛分，分别称取各筛上的筛余量 m_1、m_2、m_3、m_4、m_5、m_6，并计算出各筛上的分计筛余百分率 α_1、α_2、α_3、α_4、α_5、α_6（各筛上的筛余量除以试样总量的百分率）及累计筛余百分率 β_1、β_2、β_3、β_4、β_5、β_6（该筛的分计筛余与筛孔大于该筛的各筛的分计筛余之和）。砂的细度模数计算公式 $\mu_f = \dfrac{(\beta_2 + \beta_3 + \beta_4 + \beta_5 + \beta_6) - 5\beta_1}{100 - \beta_1}$，细度模数越大，表示砂越粗，$\mu_f = 3.7 \sim$ 3.1 为粗砂，$\mu_f = 3.0 \sim 2.3$ 为中砂，$\mu_f = 2.2 \sim 1.6$ 为细砂，$\mu_f = 1.5 \sim 0.7$ 为特细砂。除特细砂外，砂的颗粒级配可按公称直径600 mm筛孔的累计筛余百分率分成3个级配区。配置混凝土时宜优先选用Ⅱ区砂。当采用Ⅰ区砂时，应提高砂率，并保证足够的水泥用量，满足混凝土的和易性；当采用Ⅲ区砂时，应适当降低砂率。

（5）砂的含水状态：砂的含水状态可从干到湿分为4种状态。全干状态或烘干状态是砂在烘箱中烘干至恒重，达到内、外部均不含水；气干状态是在砂的内部含有一定水分，而表层和表面是干燥无水的，砂在干燥环境中自然堆放达到干燥就是这种状态；饱和面干状态是砂的内部和表层均含水达到饱和状态，而表面的开口孔隙及面层处于无水状态，拌合混凝土的砂处于这种状态时，与周围水的交换最少，对配合比中水的用量影响最小；湿润状态时砂的内部不但含水饱和，其表面还被一层水膜覆裹，颗粒间被水所充盈，施工现场的雨后常出现这种情况。混凝土的试验室配合比是按砂的全干状态考虑的，此时拌合混凝土的实际流动性要小一些。而在施工配合比中，又把砂的全部含水都考虑在用水量的调整中而缩减拌合水量，实际状况是仅有湿润状态的表面的水才可以冲抵拌合水量。试验室配合比中砂的理想含水状态应为饱和面干状态。在混凝土用量较大，需精确计算的市政、水利工程中常以饱和面干状态为准。

4.7.2 石

（1）石的定义：公称粒径大于 5.00 mm 的岩石颗粒。其中，人工破碎而成的石子称为碎石，天然形成的石子称为卵石。

卵石表面光滑，与水泥的黏结较差；碎石多棱角，表面粗糙，与水泥黏结较好。当采用相同混凝土配合比时，用卵石拌制的混凝土拌合物流动性较好，但硬化后强度较低；采用碎石拌制的混凝土拌合物流动性较差，但硬化后强度较高。

（2）粗集料的最大粒径和颗粒级配：公称粒径的上限称为该粒级的最大粒径，最大粒径反映了粗集料的平均粗细程度。拌合混凝土中粗集料的最大粒径加大，总表面积减小，单位用水量有效减少。在用水量和水胶比固定不变的情况下，最大粒径加大，集料表面包裹的水泥浆层加厚，混凝土拌合物可获较高的流动性。在工作性一定的前提下，可减小水胶比，使强度和耐久性提高。通常加大粒径可获得节约水泥的效果。但最大粒径过大（大于 150 mm），不但节约水泥的效率不再明显，而且还会降低混凝土的抗拉强度，会对施工质量，甚至搅拌机造成一定的损害。根据国家标准《混凝土结构工程施工规范》（GB 50666—2011）的规定，混凝土用的粗集料，其最大粒径不得超过构件截面最小尺寸的 1/4，且不得超过钢筋最小净间距的 3/4。对于混凝土的实心板，集料的最大粒径不宜超过板厚的 1/3，且不得超过 40 mm。

（3）粗集料的颗粒级配：粗集料的颗粒级配按供应情况分为连续粒级和单粒粒级；按实际使用情况分为连续级配和间断级配两种。

连续级配是石子的粒径从大到小连续分级，每一级都占适当的比例。连续级配的颗粒大小搭配连续合理，用其配制的混凝土拌合物工作性好，不易发生离析，在工程中应用较多。

间断级配是石子粒级不连续，人为剔去某些中间粒级的颗粒而形成的级配方式。间断级配能有效降低石子颗粒间的空隙率，使水泥达到最大程度的节约，但由于粒径相差较大，混凝土拌合物易发生离析，间断级配需按设计进行掺配而成。

无论连续级配还是间断级配，集料颗粒间的空隙要尽可能小；粒径过渡范围小；集料颗粒间紧密排列，不发生干涉。

4.8 混凝土

4.8.1 混凝土的定义

混凝土是由胶凝材料、粗集料、细集料和水按适当比例拌制、成型、养护、硬化而成的人工石材。在混凝土中，砂子、石子统称为集料，主要起骨架作用。水泥与水形成的水泥浆包裹在集料表面并填充其空隙，在硬化前水泥浆主要起润滑作用，赋予混凝土拌合物一定的流动性，以便于施工。水泥浆硬化后主要起胶结作用，将砂、石集料胶结成为一个坚实的整体，并具有一定的强度。

混凝土的技术性质很大程度是由原材料的性质及其相对含量决定的，而搅拌、成型、养护等施工工艺也对混凝土的质量有很大的影响。

4.8.2 混凝土的分类

混凝土按胶凝材料不同，可分为水泥混凝土、沥青混凝土、水玻璃混凝土、聚合物混凝土等；按体积密度大小可分为重混凝土、普通混凝土、轻混凝土和特轻混凝土。在建筑工程中，用量最大、用途最广的是以水泥为胶凝材料的普通水泥混凝土。

4.8.3 混凝土的和易性

（1）混凝土和易性的定义：混凝土拌合物在一定施工条件和环境下是否易于各种施工工序的操作，以获得均匀密实混凝土的性能。和易性在搅拌时体现为各种组成材料易于均匀混合，均匀卸出；在运输过程中表现为拌合物不离析，稀稠程度不变化；在浇筑过程中表现为易于浇筑、振实、流满模板；在硬化过程中体现为能保证水泥水化以及水泥石和集料的良好黏结。它包括流动性、黏聚性、保水性。流动性是混凝土拌合物在本身自重或机械振捣作用下产生流动，能均匀密实流满模板的性能，它反映了混凝土拌合物的稀稠程度及充满模板的能力。黏聚性是混凝土拌合物的各种组成材料在施工过程中具有一定的黏聚力，能保持成分的均匀性，在运输、浇筑、振捣、养护过程中不发生离析、分层现象。它反映了混凝土拌合物的均匀性。保水性是混凝土拌合物在施工过程中具有一定的保持水分的能力，不产生严重泌水的性能。保水性差的混凝土会造成水的泌出，影响水泥的水化，会使混凝土表层疏松，泌水通道会形成混凝土的连通孔隙而降低其耐久性。它反映了混凝土拌合物的稳定性。

混凝土的工作性是一项由流动性、黏聚性、保水性构成的综合指标体系，各性能间既有联系也有矛盾，如提高水胶比可提高流动性，但会使黏聚性和保水性变差。

（2）混凝土拌合物工作性的测定方法。常用测定方法有坍落度试验法和维勃稠度测定法两种。

1）坍落度试验法是将按规定配合比配制的混凝土拌合物按规定方法分层装填至坍落筒内，并分层用捣棒插捣密实，然后提起坍落度筒，测量筒高与坍落后混凝土试体最高点之间的高度差，即为坍落度值，以 S 表示。坍落度是流动性指标，坍落度值越大，流动性越大。

在测定坍落度的同时，观察确定黏聚性。用捣棒侧击混凝土拌合物的侧面，如其逐渐下沉，表示黏聚性良好。若混凝土发生坍塌，部分崩裂，或出现离析，则表示黏聚性不好。保水性以在混凝土拌合物中稀浆析出程度来评定。坍落度筒提起后如有较多稀浆自底部析出，部分混凝土因失浆而集料外露，则表示保水性不好。若坍落度筒提起后无稀浆或仅有少数稀浆自底部析出，则表示保水性好。该种方法的结果受操作技术的影响较大，黏聚性和保水性主要靠试验者的主观观测而定，不定量，人为因素较大。一般仅适用集料最大粒径不大于 40 mm，坍落度值不小于 10 mm 的混凝土拌合物流动性的测定。

根据《普通混凝土配合比设计规程》（JGJ 55—2011），用坍落度的大小将混凝土拌合物分为干硬性混凝土（$S<10$ mm）、塑性混凝土（$S=10\sim90$ mm）、流动性混凝土（$S=100\sim$

150 mm)和大流动性混凝土（$S \geqslant 160$ mm）4类。

正确选择混凝土拌合物的坍落度，对于保证混凝土的施工质量及节约水泥，具有重要意义，在选择坍落度时，原则上应在不妨碍施工操作并能在保证振捣密实的条件下，尽可能采用较小的坍落度，以节约水泥并获得较高质量的混凝土。施工中选择混凝土拌合物的坍落度，一般依据构件截面的大小、钢筋分布的疏密、混凝土成型方式等来确定。

2) 维勃稠度试验法适用于干硬性的混凝土，将坍落度筒置于一振动台的圆筒内，按规定方法将混凝土拌合物分层装填，然后提起坍落度筒，启动振动台。测定从起振开始至混凝土拌合物在振动作用下逐渐下沉变形直到其上部的透明圆盘的底面被水泥浆布满时为维勃稠度。维勃稠度值越大，说明混凝土拌合物的流动性越小。该种方法适用于集料粒径不大于 40 mm、维勃稠度为 5~30 s 的混凝土拌合物工作性的测定。

4.8.4 混凝土的立方体抗压强度

按照标准制作方法制成边长为 150 mm 的立方体试件，在标准条件（温度 20 ℃±2 ℃，相对湿度 95％以上）下养护值 28 天龄期，按照标准试验方法测得的抗压强度值，以 f_{cu} 表示。测定混凝土立方体抗压强度时，可根据粗集料最大粒径选用不同的试件尺寸，然后将测定结果换算成相当于标准试件的强度值。边长为 100 mm 的立方体试件，换算系数为 0.95；边长为 200 mm 的立方体试件，换算系数为 1.05。当混凝土强度等级≥C60 时，宜采用标准试件。

4.8.5 立方体抗压强度标准值

按标准制作方法制作养护边长为 150 mm 的立方体试件，在 28 d 或设计规定龄期用标准试验方法测得的具有 95％保证率的抗压强度值。

4.8.6 强度等级

混凝土强度等级是混凝土工程结构设计、混凝土材料配合比设计、混凝土施工质量检验及验收的重要依据。混凝土的强度等级应按混凝土立方体抗压强度标准值确定。

4.8.7 混凝土的轴心抗压强度

采用 150 mm×150 mm×300 mm 的棱柱体作为标准试件，在标准条件（温度 20 ℃±2 ℃，相对湿度 95％以上）下养护至 28 天龄期，按照标准试验方法测得的抗压强度用 f_c 表示。

4.9 砂浆

4.9.1 建筑砂浆的定义

建筑砂浆由无机胶凝材料、细集料和水，有时也掺入某些掺合料组成，常用于砌筑砌体结构，建筑物内外表面的抹面，大型墙板、砖石墙的勾缝，以及装饰材料的黏结等。

4.9.2 砂浆的分类

根据用途不同，砂浆可分为将砖、石、砌块等黏结成为砌体的砌筑砂浆和涂抹在建筑物或建筑构件表面的抹面砂浆。

4.9.3 砂浆的和易性

和易性良好的砂浆容易在粗糙砖石底面上铺设成均匀的薄层,而且能够和底面紧密粘结。砂浆的和易性包括流动性、稳定性和保水性。砂浆的流动性是指在自重或外力作用下流动的性能,用"沉入度"表示,用砂浆稠度仪测定,沉入度越大,砂浆流动性越好;砂浆保水性是指砂浆保持水分的能力,也指砂浆中各项组成材料不易分层离析的性质,用"分层度"表示,用砂浆分层度仪测定,分层度大,砂浆保水性越差。

4.9.4 砂浆的立方体抗压强度

将砂浆制成 70.7 mm 的立方体标准试件,一组三块,在标准条件下养护 28 d,用标准试验方法测得的抗压强度平均值,用 f_m 表示。

4.10 钢材

4.10.1 钢材

钢材是生铁在炼钢炉中进行冶炼,然后浇注成钢锭,再经过轧制、锻压、拉拔等加工工艺制成的材料。建筑钢材是指在建筑工程中使用的各种钢材,包括钢结构用的各种型钢、钢板和钢筋混凝土中使用的各种钢筋、钢丝、钢绞线。

4.10.2 钢材的技术性能

(1) 力学性能。

1) **抗拉性能**:钢材受拉时,在产生应力的同时,相应地产生应变,低碳钢从受拉开始至拉断经历了弹性阶段、屈服阶段、强化阶段和颈缩阶段。

2) **冲击韧性**:钢材抵抗冲击荷载而不破坏的能力。

钢材的化学成分、内在缺陷、加工工艺及环境温度都会影响钢材的冲击韧性。冲击韧性随温度的下降而下降,开始时下降比较平缓,当达到一定温度范围时,冲击韧性会突然下降很多而呈脆性,这种脆性称为材料的冷脆性。此时的温度称为临界温度,数值越低,说明材料的低温冲击性能越好。

3) **硬度**:钢材表面抵抗重物压入产生塑性变形的能力。

4) **耐疲劳性**:钢材承受交变荷载反复作用时,可能在最大应力远低于屈服强度的情况下突然破坏,这种破坏称为疲劳破坏。

(2) 工艺性能。

1) **冷弯性能**:钢材在常温下承受弯曲变形的能力。冷弯性能指标通过试件被弯曲的角度 α (90°/180°) 及弯心直径 d 对试件厚度(或直径) a 的比值 (d/a) 来表示。

钢材试件按规定的弯曲角和弯心直径进行试验,若试件弯曲处的外表面无裂断、裂缝、起层,即认为冷弯性能合格。冷弯试验能反映试件弯曲处的塑性变形,能揭示钢材是否存在内部组织不均匀、内应力和夹杂物等缺陷。

2)焊接性能:钢材的可焊性是指焊接后在焊缝处的性质与母材性质的一致程度。影响钢材可焊性的主要因素是化学成分及含碳量。

4.10.3 钢材的化学成分

(1)碳:碳是决定钢材性质的主要元素。钢材随着含碳量的增加,强度和硬度相应提高,而塑性和韧性相应降低。建筑工程用钢材含碳量不大于0.8%。含碳量过高会增加钢的冷脆性和时效敏感性,降低抗腐蚀和可焊性。

(2)硅:硅是钢材的主要合金元素,当硅在钢材中的含量低于1.0%时,可提高钢材的强度,而对塑性和韧性影响不明显,含硅量超过1%时,会增加钢材的冷脆性,降低可焊性。

(3)锰:锰是我国低合金钢的重要合金元素。锰含量一般在1%~2%范围内,它的作用是使强度提高,锰还能消减硫和氧引起的热脆性,使钢材的加工性质改善。

(4)硫:硫是有害元素。作为非金属硫化物夹杂于钢中,具有强烈的偏析作用,会降低钢材的各种机械性能。硫化物造成的低熔点使钢在焊接时易产生热裂纹,显著降低可焊性。

(5)磷:磷为有害元素。含量提高,钢材的强度提高,塑性和韧性显著下降,而温度越低,对韧性和塑性的影响越大。磷的偏析严重,使钢材的冷脆性增大,可焊性降低。但磷可以提高钢的耐磨性和耐腐蚀性,在低合金钢中可配合其他元素作为合金元素。

(6)氧:氧为有害元素。存在于非金属夹杂物内,可降低钢的机械性能,尤其是韧性。

(7)氮:氮对钢材性质的影响与碳、磷相似,使钢材的强度提高,塑性、韧性及冷弯性能显著下降。氮可加剧钢材的时效敏感性和冷脆性,降低可焊性。

(8)铝、钛、钒、铌均为炼钢时的强脱氧剂,能提高钢材强度,改善韧性和可焊性,属于常用的合金元素。

实 训

4.1 实训要求

1. 试验室的纪律要求

（1）进入试验室后，要听从教师的安排，不得大声说笑和打闹。

（2）进入试验室后，对本组所用的仪器设备进行检查，如有缺损或失灵应立即报告，由教师修理或调换，不得私自拆卸。试验结束时，应将所用仪器设备按原位放好，经检查后方可离开试验室。

（3）要爱护试验仪器设备，严格按照试验操作规程进行试验，还要注意人身安全，非本次试验所用的室内其他仪器，不得随便乱动。

（4）在试验过程中，当仪器设备被损坏时，使用者应立即向试验室教师报告，由其根据学校的规定给予检查处理。

（5）试验结束后，每组学生对所用的仪器设备及桌面、地面应加以清理，并由各试验小组轮流做全室的卫生整理。

（6）完成试验后，经教师同意后方可离开试验室。

2. 试验与试验报告的要求

（1）每次做试验以前，要认真阅读试验指导书，熟悉试验内容和试验方法步骤。

（2）要以严肃的科学态度、严格的作风、严密的方法进行试验，认真记录好试验数据。

（3）在试验课中，要认真回答教师提出的问题，回答问题的情况作为试验课考核成绩的一部分。

（4）要认真填写、整理试验报告，不得潦草，不得缺项、漏项，报告中的计算部分必须完成，还要保持试验报告的整洁。

（5）试验报告应及时完成，并按教师规定的时间上交。

3. 实训方法

学生以 6~8 人为一组，要求每位同学积极参与试验并认真填写试验报告。

4.2 实训内容

4.2.1 建筑材料的基本性质试验

1. 密度试验

（1）试验目的。材料的密度是指在绝对密实状态下单位体积的质量。利用密度可计算材料的孔隙率和密实度。孔隙率的大小会影响材料的吸水率、强度、抗冻性及耐久性等。

（2）主要仪器设备。

1）李氏瓶。

2）天平。

3）筛子。

4）鼓风烘箱。

5）量筒、干燥器、温度计等。

(3) 试样制备。将试样研碎，用筛子除去筛余物，先放到 105～110 ℃的烘箱中烘至恒重，再取出，放入干燥器中冷却至室温。

(4) 试验步骤。

1) 在李氏瓶中注入与试样不起反应的液体至凸颈下部，记下刻度数 V_0（cm）。将李氏瓶放在盛水的容器中，在试验过程中保持水温为 20 ℃。

2) 用天平称取 60～90 g 试样，用漏斗和小勺小心地将试样慢慢送到李氏瓶内（不能大量倾倒，防止在李氏瓶喉部发生堵塞），直至液面上升至接近 20 cm。再称取未注入瓶内剩余试样的质量，计算出送入瓶中试样的质量 m（g）。

3) 用瓶内的液体将黏附在瓶颈和瓶壁的试样洗入瓶内液体，转动李氏瓶使液体中的气泡排出，记下液面刻度 V_1（cm^3）。

4) 将注入试样后的李氏瓶中的液面读数 V_1，减去未注入前的读数 V_0，得到试样的密实体积 V（cm^3）。

5) 试验结果计算材料的密度按下式计算（精确至小数点后第二位）：

$$\rho = \frac{m}{V}$$

式中 ρ——材料的密度（g/cm^3）；

m——装入瓶中试样的质量（g）；

V——装入瓶中试样的绝对体积（cm^3）。

按规定，密度试验用两个试样平行进行，以其计算结果的算术平均值最后结果，但两个结果之差不应超过 2 g/cm^3，否则应重做。

2. 表观密度试验

(1) 试验目的。材料的表观密度是指在自然状态下单位体积的质量。利用材料的表观密度可以估计材料的强度、吸水性、保温性等，还可用来计算材料的自然体积或结构物质量。

(2) 主要仪器设备。

1) 游标卡尺。

2) 天平。

3) 鼓风烘箱。

4) 干燥器、直尺等。

(3) 试验步骤。

1) 对几何形状规则的材料：将待测材料的试样放入 105～110 ℃的烘箱中烘至恒重，再取出，置于干燥器中冷却至室温。

2) 用游标卡尺量出试样尺寸，试样为正方体或平行六面体时，以每边测量上、中、下三次的算术平均值为准，并计算出体积 V_0；试样为圆柱体时，以两个互相垂直的方向量其直径，各方向上、中、下测量三次，以六次的算术平均值为准确定其直径，并计算出体积 V_0。

3) 用天平称量出试样的质量 m。

4) 试验结果计算材料的表观密度按下式计算：

$$\rho_0 = \frac{m}{V_0}$$

式中 ρ_0——材料的表观密度（g/cm^3）；

m——试样的质量（g）；

V_0——试样的体积（cm）。

5）非规则几何形状的材料（如卵石等）：其自然状态下的体积 V_0 可用排液法测定，在测定前应对其表面封蜡，封闭开口孔后，再用容量瓶或广口瓶进行测试。其余步骤同规则形状试样的测试。

3. 堆积密度试验

（1）试验目的。堆积密度是指散粒或粉状材料（如砂、石等）在自然堆积状态下（包括颗粒内部的孔隙及颗粒之间的空隙）单位体积的质量。利用材料的堆积密度可估算散粒材料的堆积体积及质量，同时可考虑材料的运输工具及估计材料的级配情况等。

（2）主要仪器设备。

1）鼓风烘箱。

2）容量筒。

3）天平。

4）标准漏斗、直尺、浅盘、毛刷等。

（3）试样制备。用四分法缩取 3 L 的试样放入浅盘，将浅盘放入温度为 105～110 ℃的烘箱中烘至恒重，再放入干燥器中冷却至室温，分为两份大致相等的待用。

（4）试验步骤。

1）称取标准容器的质量 m_1（g）。

2）取试样一份，经过标准漏斗将其徐徐装入标准容器内，待容器顶上形成锥形，用钢尺将多余的材料沿容器口中心线向两个相反方向刮平。

3）称取容器与材料的总质量 m_2（g）。

（5）试验结果计算。试样的堆积密度可按下式计算（精确至 10 kg/m³）：

$$\rho'_0 = \frac{m_2 - m_1}{V'_0}$$

式中　　ρ'_0——材料的堆积密度（kg/m³）；

m_1——标准容器的质量（kg）；

m_2——标准容器和试样总质量（kg）；

V'_0——标准容器的容积（m³）。

以两次试验结果的算术平均值作为堆积密度测定的结果。

4.2.2 水泥的基本性质试验

1. 水泥细度测定（负压筛析仪法）

（1）试验目的。通过试验来检验水泥的粗细程度，作为评定水泥质量的依据之一；掌握《水泥细度检验方法 筛析法》（GB/T 1345—2005）的测试方法，正确使用所用仪器与设备，并熟悉其性能。

（2）主要仪器设备。

1）试验筛。

2）负压筛析仪。

3）水筛架和喷头。

4）天平。

（3）试验步骤。

1）进行筛析试验前，应把负压筛放在筛座上，盖上筛盖，接通电源，检查控制系统，将负压调节至 4 000～6 000 Pa。

2）称取试样 25 g，置于洁净的负压筛。盖上筛盖，放在筛座上，开动筛析仪连续筛析

2 min，在此期间如有试样附着筛盖上，可轻轻地敲击，使试样落下。筛毕，用天平称量筛余物。

3）当工作负压小于 4 000 Pa 时，应清理吸尘器内水泥，使负压恢复正常。

2. 水泥标准稠度用水量试验

（1）试验目的。通过试验测定水泥净浆达到水泥标准稠度（统一规定的浆体可塑性）时的用水量，作为水泥凝结时间、安定性试验用水量之一；掌握《水泥标准稠度用水量、凝结时间、安定性检方法》（GB/T 1346—2011）中的测试方法，正确使用仪器设备，并熟悉其性能。

（2）主要仪器设备。

1）水泥净浆搅拌机。

2）标准法维卡仪。

3）天平。

4）量筒。

（3）试验方法及步骤。

1）标准法。

①试验前检查。仪器金属棒应能自由滑动，搅拌机运转正常等。

②调零点。将标准稠度试杆装在金属棒下，调整至试杆接触玻璃板时指针对准零点。

③水泥净浆制备。用湿布将搅拌锅和搅拌叶片擦一遍，将拌合用水倒入搅拌锅，然后在 5~10 s 内小心将称量好的 500 g 水泥试样加入水中（按经验找水）；拌和时，先将锅放到搅拌机锅座上，升至搅拌位置，启动搅拌机，慢速搅拌 120 s，停拌 15 s，同时，将叶片和锅壁上的水泥浆刮入锅中，接着快速搅拌 120 s 后停机。

④标准稠度用水量的测定。拌和完毕，立即将水泥净浆一次装入已置于玻璃板上的圆模内，用小刀插捣、振动数次，刮去多余净浆；抹平后迅速放到维卡仪上，并将其中心定在试杆下，降低试杆直至与水泥净浆表面接触，拧紧螺钉，然后突然放松，让试杆自由沉入净浆中。以试杆沉入净浆并距底板（6±1）mm 的水泥净浆为标准稠度净浆。其拌和用水量为该水泥的标准稠度用水量（P），按水泥质量的百分比计。升起试杆后立即擦净。整个操作应在搅拌后 1.5 min 内完成。

2）代用法。

①仪器设备检查。稠度仪金属滑杆能自由滑动，搅拌机能正常运转等。

②调零点。将试锥降至锥模顶面位置时，指针应对准标尺零点。

③水泥净浆制备。同标准法。

④标准稠度的测定。标准稠度的测定有调整水量法和固定水量法两种，可选用任一种测定，如有争议时以调整水量法为准。

a. 固定水量法。拌合用水量为 142.5 mL。拌和结束后，立即将拌和好的净浆装入锥模，用小刀插捣，振动数次，刮去多余净浆；抹平后放到试锥下面的固定位置上，调整金属棒使锥尖接触净浆并固定松紧螺钉 1~2 s，然后突然放松，让试锥垂直自由地沉入水泥净浆。当试锥停止下沉或释放试锥 30 s 时记录试锥下沉深度（S）。注意，整个操作应在搅拌后 1.5 min 内完成。

b. 调整水量法。拌合用水量按经验找水。拌和结束后，立即将拌和好的净浆装入锥模，用小刀插捣、振动数次，刮去多余净浆；抹平后放到试锥下面的固定位置上，调整金属棒使锥尖接触净浆并固定松紧螺钉 1~2 s，然后突然放松，让试锥垂直自由地沉入水泥净浆。当试锥下沉深度为（28±2）mm 时的净浆为标准稠度净浆，其拌合用水量即为标准稠度用水量（P），按水泥质量的百分比计。

(4) 试验结果计算。

1) 标准法。以试杆沉入净浆并距底板（6±1）mm 的水泥净浆为标准稠度净浆。其拌合用水量为该水泥的标准稠度用水量（P），以水泥质量的百分比计，按下式计算。

$$P = \frac{拌合用水量}{水泥用量} \times 100\%$$

2) 代用法。

①用固定水量方法测定时，根据测得的试锥下沉深度 S（mm），可从仪器上对应标尺读出标准稠度用水量（P）或按下面的经验公式计算其标准稠度用水量（P）(%)。

$$P = 33.4 - 0.185S$$

当试锥下沉深度小于 13 mm 时，应改用调整水量方法测定。

②用调整水量方法测定时，以试锥下沉深度为（28±2）mm 时的净浆为标准稠度净浆，其拌和用水量为该水泥的标准稠度用水量（P），以水泥质量百分数计，计算公式同标准法。
如下沉深度超出范围，须另称试样，调整水量，重新试验，直至达到（28±2）mm。

3. 水泥凝结时间的测定试验

（1）试验目的。测定水泥达到初凝和终凝所需的时间（凝结时间以试针沉入水泥标准稠度净浆至一定深度所需时间表示），用以评定水泥的质量。掌握《水泥标准稠度用水量、凝结时间、安定性检验方法》(GB/T 1346—2011) 中的测试方法，正确使用仪器设备。

（2）主要仪器设备。

1) 标准法维卡仪。

2) 水泥净浆搅拌机。

3) 湿气养护箱。

（3）试验步骤。

1) 试验前准备。将圆模内侧稍涂上一层机油，放在玻璃板上，调整凝结时间测定仪的试针接触玻璃板时，指针应对准标准尺零点。

2) 以标准稠度用水量的水，按测标准稠度用水量的方法制成标准稠度水泥净浆后，立即一次装入圆模振动数次刮平，然后放入湿气养护箱，记录开始加水的时间作为凝结时间的起始时间。

3) 当试件在湿气养护箱内养护至加水后 30 min 时进行第一次测定。测定时，从养护箱中取出圆模放到试针下，使试针与净浆面接触，拧紧螺钉 1~2 s 后突然放松，试针垂直自由沉入净浆，观察试针停止下沉时指针的读数。临近初凝时，每隔 5 min 测定一次，当试针沉至距底板（4±1）mm 即为水泥达到初凝状态。从水泥全部加入水中至初凝状态的时间即为水泥的初凝时间，用"min"表示。

4) 初凝测出后，立即将试模连同浆体以平移的方式从玻璃板上取下，翻转 180°，直径大端向上，小端向下，放在玻璃板上，再放入湿气养护箱中养护。

5) 取下测初凝时间的试针，换上测终凝时间的试针。

6) 临近终凝时间每隔 15 min 测一次，当试针沉入净浆 0.5 mm 时，即环形附件开始不能在净浆表面留下痕迹时，即为水泥的终凝时间。

7) 由开始加水至初凝、终凝状态的时间分别为该水泥的初凝时间和终凝时间，用"h"和"min"表示。

8) 在测定时应注意，最初测定的操作时应轻轻扶持金属棒，使其徐徐下降，防止撞弯试针，但结果以自由下沉为准；在整个测试过程中试针沉入净浆的位置距圆模至少大于 10 mm；

每次测定完毕，需要将试针擦净并将圆模放入养护箱，测定过程中要防止圆模受振；每次测量时不能让试针落入原孔，测得结果应以两次都合格为准。

（4）试验结果的确定与评定。

1）自加水起至试针沉入净浆中距底板（4±1）mm时，所需的时间为初凝时间；至试针沉入净浆中不超过 0.5 mm（环形附件开始不能在净浆表面留下痕迹）时所需的时间为终凝时间；用"h"和"mm"来表示。

2）达到初凝或终凝状态时应立即重复测一次，只有当两次结论相同时，才能定为达到初凝或终凝状态。

评定方法：将测定的初凝时间、终凝时间结果，与国家规范中的凝结时间相比较，可判断其合格性。

4. 水泥安定性的测定试验

（1）试验目的。安定性是指水泥硬化后体积变化的均匀性情况。通过试验可掌握《水泥标准稠度用水量、凝结时间、安定性检验方法》（GB/T 1346—2011）的测试方法，正确评定水泥的体积安定性。

安定性的测定方法有雷氏法和试饼法，有争议时以雷氏法为准。

（2）主要仪器设备。

1）沸煮箱。

2）雷氏夹。

3）雷氏夹膨胀值测定仪。

4）其他同标准稠度用水量试验。

（3）试验方法及步骤。

1）测定前的准备工作。若采用饼法时，每个样品需要准备两块约100 mm×100 mm 的玻璃板；若采用雷氏法，每个雷氏夹需配备质量为 75～85 g 的玻璃板 2 块。凡与水泥净浆接触的玻璃板和雷氏夹表面都要稍稍涂上一薄层机油。

2）水泥标准稠度净浆的制备。以标准稠度用水量加水，按前述方法制成标准稠度水泥净浆。

3）成型方法。

①试饼成型。将制好的净浆取出一部分分成两等份，使之成球形，放在预先准备好的玻璃板上，轻轻振动玻璃板，并用湿布擦过的小刀由边缘向中间抹动，做成直径为 70～80 mm、中心厚约 10 mm、边缘渐薄、表面光滑的试饼，然后将试饼放入湿气养护箱内养护（24±2）h。

②雷氏夹试件的制备。将预先准备好的雷氏夹放在已稍擦油的玻璃板上，并立即将已制好的标准稠度净浆装满试模，装模时，用一只手轻轻扶持试模；用另一只手用宽约 10 mm 的小刀插捣 15 次左右，然后抹平，盖上稍涂油的玻璃板，接着立即将试模移至湿气养护箱内养护（24±2）h。

4）沸煮。

①调整沸煮箱内的水位，使试件能在整个沸煮过程中浸没在水里，而且在煮沸的中途不需要添补试验用水，又能保证在（30±5）min 内升至沸腾。

②脱去玻璃板取下试件，先测量雷氏夹指针尖端间的距离（C），精确到 0.5 mm，接着将试件放入沸煮箱水中的试件架上，指针朝上，试件之间互不交叉，然后在（30±5）min 内加热至沸，并恒沸 3 h±5 min。

沸煮结束，即放掉箱中的热水，打开箱盖，待箱体冷却至室温，取出试件进行判别。

5）试验结果的判别。

①饼法判别。目测试饼未发现裂缝，用直尺检查也没有弯曲时，则水泥的安定性合格，反之为不合格。若两个判别结果有矛盾时，该水泥的安定性为不合格。

②雷氏夹法判别。测量试件指针尖端间的距离（C），记录至小数点后1位，当2个试件煮后增加距离（$C-A$）的平均值不大于5.0 mm时，即认为该水泥安定性合格，否则为不合格。当2个试件沸煮后的（$C-A$）超过4.0 mm时，应用同一样品立即重做一次试验。再如此，则认为该水泥安定性不合格。

5. 水泥胶砂强度检验

（1）试验目的。检验水泥各龄期强度，以确定强度等级；或已知强度等级，检验强度是否满足规范要求。掌握国家标准《水泥胶砂强度检验方法（ISO法）》（GB/T 17671—2021），正确使用仪器设备并熟悉其性能。

（2）主要仪器设备。

1）胶砂搅拌机。

2）试模。

3）胶砂振实台。

4）抗折强度试验机。

5）抗压试验机。

6）抗压夹具。

7）刮平尺、养护室等。

（3）试验步骤。

1）试验前准备。成型前将试模擦净，四周的模板与底板接触面上应涂黄油，紧密装配，防止漏浆，内壁均匀刷一薄层机油。

2）胶砂制备。试验用砂采用中国ISO标准砂，其颗粒分布和湿含量应符合《水泥胶砂强度检验方法（ISO法）》（GB/T 17671—2021）中的要求。

①胶砂配合比。试体是按胶砂的质量配合比为水泥∶标准砂∶水＝1∶3∶0.5进行拌制的。一锅胶砂成3条试体，每锅材料需要量为水泥（450±2）g；标准砂（1 350±5）g；水（225±1）mL。

②搅拌。每锅胶砂用搅拌机搅拌。可按下列程序操作：胶砂搅拌时先把水加入锅里，再加水泥，把锅放在固定架上，上升至固定位置。立即开动机器，低速搅拌30 s后，在第二个30 s开始的同时，均匀地将砂子加入；把机器转至高速再拌30 s。停拌90 s，在第一个15 s内用一胶皮刮具将叶片和锅壁上的胶砂刮入锅中间，在高速下继续搅拌60 s，各个搅拌阶段的时间误差应在±1 s以内。

3）试体成型。试件是40 mm×40 mm×160 mm的棱柱体。胶砂制备后应立即进行成型。将空试模和模套固定在振实台上，用一个适当勺子直接从搅拌锅里将胶砂分两层装入试模，装第一层时，每个槽里约放300 g胶砂，用大播料器垂直架在模套顶部沿每一个模槽来回一次将料层播平，接着振实60次。再装第二层胶砂，用小播料器播平，再振实60次。移走模套，从振实台上取下试模，用一金属直尺以近似90°的角度架在试模模顶的一端，然后沿试模长度方向以横向锯割动作慢慢向另一端移动，一次将超过试模部分的胶砂刮去，并用同一直尺在近乎水平的情况下将试体表面抹平。

4）试体的养护。

①脱模前的处理及养护。将试模放入雾室或湿箱的水平架子上养护，湿空气应能与试模周

边接触。另外,养护时不应将试模放在其他试模上。一直养护到规定的脱模时间时取出脱模。脱模前用防水墨汁或颜料对试体进行编号和做其他标记。两个龄期以上的试体,在编号时应将同一试模中的3条试体分在两个以上龄期内。

②脱模。脱模应非常小心,可用塑料锤或橡皮榔头或专门的脱模器。对于24 h龄期的,应在破型试验前20 min内脱模;对于24 h以上龄期的,应在20~24 h脱模。

③水中养护。将做好标记的试体水平或垂直放在(20±1)℃水中养护,水平放置时刮平面应朝上,养护期间试体之间间隔或试体上表面的水深不得小于5 mm。

5) 强度试验。

①强度试验试体的龄期。试体龄期是从水加水开始搅拌时算起的。各龄期的试体必须在表4-1规定的时间内进行强度试验。试体从水中取出后,在强度试验前应用湿布覆盖。

表4-1 各龄期强度试验时间规定

龄期	时间
24 h	24 h±15 min
48 h	48 h±30 min
72 h	72 h±45 min
7 d	7 d±2 h
>28 d	28 d±8 h

②抗折强度试验。每龄期取出3条试体先做抗折强度试验。试验前应擦去试体表面的附着水分和砂粒,清除夹具上圆柱表面黏着的杂物,试体放入抗折夹具,应使侧面与圆柱接触。

采用杠杆式抗折试验机试验时,试体放入前,应使杠杆成平衡状态。试体放入后调整夹具,使杠杆在试体折断时尽可能地接近平衡位置。

抗折试验的加荷速度为(50±10)N/s。

③抗压强度试验。抗折强度试验后的断块应立即进行抗压试验。抗压试验须用抗压夹具进行,试体受压面为40 mm×40 mm。试验前应清除试体受压面与压板间的砂粒或杂物。试验时以试体的侧面作为受压面,试体的底面靠紧夹具定位销,并使夹具对准压力机压板中心。

压力机加荷速度为(2 400±200)N/s。

(4) 试验结果计算及处理。

1) 抗折试验结果:抗折强度按下式计算,精确到0.1 MPa。

$$R_1 = 1.5 F_1 L / b^3$$

式中 R_1——水泥抗折强度(MPa);

F_1——折断时施加于棱柱体中部的荷载(N);

L——支撑圆柱之间的距离(100 mm);

b——棱柱体正方形截面的边长(40 mm)。

以一组3个棱柱体抗折结果的平均值作为试验结果。当3个强度值中有超出平均值±10%时,应剔除后再取平均值作为抗折强度试验结果。

2) 抗压试验结果:抗压强度按下式计算,精确至0.1 MPa。

$$R_c = \frac{F_c}{A}$$

式中 R_c——水泥抗压强度(MPa);

F_c——破坏时的最大荷载（N）；

A——受压部分面积（mm）（40 mm×40 mm＝1 600 mm²）。

以一组3个棱柱体上得到的6个抗压强度测定值的算术平均值为试验结果。如6个测定值中有一个超出6个平均值的±10%，就应剔出这个结果，而以剩下5个的平均数为结果；如果5个测定值中再有超过它们平均数±10%，则该组试验结果作废。

4.2.3 混凝土用集料试验

1. 砂的筛分析试验

（1）试验目的。通过试验测定砂的颗粒级配，计算砂的细度模数，评定砂的粗细程度；掌握《建设用砂》（GB/T 14684—2022）《建筑用砂》中的测试方法，正确使用所用仪器与设备，并熟悉其性能。

（2）主要仪器设备。

1）标准筛；

2）天平；

3）鼓风烘箱；

4）摇筛机；

5）浅盘、毛刷等。

（3）试样制备。按规定取样，用四分法分取，试样不少于4 400 g，并将试样缩分至1 100 g，放在烘箱中于（105±5）℃下烘干至恒量，待冷却至室温后，筛除大于9.50 mm的颗粒（并算出其筛余百分率），分为大致相等的两份备用。

（4）试验步骤。

1）准确称取试样500 g，精确到1 g。

2）将标准筛按孔径由大到小的顺序叠放，加上底盘后，将称好的试样倒入最上层的4.75 mm筛内，加盖后置于摇筛机上，摇约10 min。

3）将套筛自摇筛机上取下，按筛孔大小顺序再逐个用手筛，筛至每分钟通过量小于试样总量0.1%为止。通过的颗粒并入下一号筛，并和下一号筛中的试样一起过筛，按这样的顺序进行，直至将各号筛全部筛完。

4）称取各号筛上的筛余量，试样在各号筛上的筛余量不得超过200 g，否则应将筛余试样分成两份，再进行筛分，并以两次筛余量之和作为该号的筛余量。

（5）试验结果计算与评定。

1）计算分计筛余百分率：各号筛上的筛余量与试样总量相比，精确至0.1%。

2）计算累计筛余百分率：每号筛上的筛余百分率加上该号筛以上各筛余百分率之和，精确至0.1%。筛分后，若各号筛的筛余量与筛底的量之和同原试样质量之差超过1%时，应重新试验。

3）砂的细度模数按下式计算，精确至0.1。

$$M_x = \frac{(A_2 + A_3 + A_4 + A_5 + A_6) - 5A_1}{100 - A_1}$$

式中 M_x——细度模数；

A_1、A_2、…、A_6——4.75 mm、2.36 mm、1.18 mm、0.60 mm、0.30 mm、0.15 mm筛的累计筛余百分率。

4）累计筛余百分率取两次试验结果的算术平均值，精确至1%。细度模数取两次试验结果的算术平均值，精确至0.1；如两次试验的细度模数之差超过0.20时，须重新试验。

2. 砂的堆积密度测定试验

(1) 试验目的。通过试验测定砂的堆积密度,为混凝土配合比设计和估计运输工具的数量或存放堆场的面积等提供依据。掌握《建筑用砂》(GB/T 14684—2022) 中的测试方法,正确使用相关仪器与设备。

(2) 主要仪器设备。

1) 鼓风烘箱。

2) 容量筒。

3) 天平。

4) 标准漏斗。

5) 直尺、浅盘、毛刷等。

(3) 试样制备。

按规定取样,用搪瓷盘装取试样约 3 L,置于温度为 (105±5)℃的烘箱中烘干至恒量,待冷却至室温后,筛除大于 4.75 mm 的颗粒,分成大致相等的两份备用。

(4) 试验步骤。

1) 松散堆积密度的测定 取一份试样,用漏斗或料勺,从容量筒中心上方 50mm 处慢慢装入,等装满并超过筒口后,用钢尺或直尺沿筒口中心线向两个相反方向刮平(试验过程应防止触动容量瓶),称出试样与容量筒的总质量,精确至 1 g。

2) 紧密堆积密度的测定。取试样一份分两次装入容量筒。装完第一层后,先在筒底垫一根直径为 10 mm 的圆钢,按住容量筒,左右交替击地面 25 次。接下来,装入第二层,装满后用同样的方法进行颠实(但所垫放圆钢的方向与第一层的方向垂直)。再加试样,直至超过筒口,然后用钢尺或直尺沿中心线向两个相反的方向刮平,称出试样与容量筒的总质量,精确至 0.1 g。

3) 称出容量筒的质量,精确至 1 g。

(5) 试验结果计算与评定。

1) 砂的松散或紧密堆积密度按下式计算,精确至 10 kg/m;

$$\rho_1 = \frac{G_1 - G_2}{V}$$

式中 ρ_1——砂的松散或紧密堆积密度 (kg/m³);

G_1——试样与容量筒总质量 (g);

G_2——容量筒的质量 (g);

V——容量筒的容积 (L)。

2) 堆积密度取两次试验结果的算术平均值,精确至 10 kg/m。

4.2.4 普通混凝土试验

1. 普通混凝土拌合物试验室拌合方法

(1) 试验目的。学会混凝土拌合物的拌制方法,为测试和调整混凝土的性能,进行混凝土配合比设计打下基础。

(2) 主要仪器设备。

1) 混凝土搅拌机。

2) 磅秤。

3) 天平。

4) 拌合钢板等。

(3) 拌合方法。按所选混凝土配合比备料。拌合间温度为 (20±5)℃。

1）人工拌合法。

①干拌。将拌合钢板与拌铲用湿布润湿后，将砂平摊在拌合钢板上，再倒入水泥，用拌铲自拌合钢板一端翻拌至另一端，如此反复，直至拌匀；加入石子，继续翻拌至均匀为止。

②湿拌。在混合均匀的干拌合物中间做一凹槽，倒入已称量好的水（约50%），翻拌数次，并徐徐加入剩下的水，继续翻拌，直至均匀。

③拌合时间控制。拌和从加水时算起，应在10 min内完成。

2）机械拌合法。

①预拌。拌前先对混凝土搅拌机挂浆，即用按配合比要求的水泥、砂、水及少量石子，在搅拌机中搅拌（涮膛），然后倒出多余砂浆。其目的是防止正式拌和时水泥浆挂失影响混凝土的配合比。

②拌和。向搅拌机内依次加入石子、水泥、砂子，开动搅拌机搅动2~3 min。

③将拌合物从搅拌机中卸出，倒在拌合钢板上，人工拌和1~2 min。

2. 普通混凝土拌合物工作性（和易性）试验——混凝土的坍落度试验

（1）试验目的。通过测定集料最大粒径不大于37.5 mm、坍落度值不小于10 mm的塑性混凝土拌合物坍落度；同时，评定混凝土拌合物的黏聚性和保水性，为混凝土配合比设计、混凝土拌合物质量评定提供依据；掌握《普通混凝土拌合物性能试验方法标准》（GB/T 50080—2016）中的测试方法，正确使用所用仪器与设备，并熟悉其性能。

（2）主要仪器设备。

1）坍落度筒。

2）捣棒。

3）直尺、小铲、漏斗等。

（3）试验步骤。

1）每次测定前，用湿布湿润坍落度筒、拌合钢板及其他用具，并把筒放在不吸水的刚性水平底板上，然后用脚踩住2个脚踏板，使坍落度筒在装料时保持位置固定。

2）取拌好的混凝土拌合物15 L，用小铲分3层均匀地装入筒内，使捣实后每层高度为筒高的1/3左右。每层用捣棒沿螺旋方向在截面上由外向中心均匀插捣25次。插捣筒边混凝土时，捣棒可以稍稍倾斜。插捣底层时，捣棒应贯穿整个深度，插捣第二层和顶层时，捣棒应插透本层至下一层的表面。浇灌顶层时，混凝土应灌到高出筒口，插捣过程中，如混凝土沉落到低于筒口，则应随时加料，顶层插捣完毕后，刮去多余混凝土，并用镘刀抹平。

3）清除筒边底板上的混凝土后，垂直平稳地提起坍落度筒。坍落度筒的提离过程应在10 s内完成。从开始装料到提起坍落度筒的整个过程应不间断地进行，并应150 s内完成。

（4）试验结果确定与处理。

1）提起坍落度筒后，立即量测筒高与坍落后混凝土试体最高点之间的高度差，即为该混凝土拌合物的坍落度值。混凝土拌合物坍落度以mm为单位，结果精确至1 mm。

2）坍落度筒提离后，如混凝土发生崩坍或一边剪坏现象，则应重新取样再测定。如第二次试验仍出现上述现象，则表示该混凝土拌合物和易性不好，应予记录备查。

3）观察坍落后的混凝土试体的黏聚性和保水性。黏聚性的检查方法是用捣棒在已坍落的混凝土锥体侧面轻轻敲打，此时，如果锥体逐渐下沉，则表示黏聚性良好，如果锥体倒塌、部分崩裂或出现离析现象，则表示黏聚性不好。保水性以混凝土拌合物中稀浆析出的程度来评定。如果坍落度筒提起后无稀浆或仅有少量稀浆自底部析出，则表示此混凝土拌合物保水性良好；坍落度筒提起后，如果有较多的稀浆从底部析出且锥体部分的混凝土也因失浆而集料外露，则表明此混凝土拌合物的保水性能不好。

4) 和易性的调整。

①当坍落度低于设计要求时，可在保持水胶比不变的前提下，适当增加水泥浆量。

②当坍落度高于设计要求时，可在保持砂率不变的条件下，增加集料的用量。

③当出现含砂量不足，黏聚性、保水性不良时，可适当增加砂率，反之减小砂率。

3. 普通混凝土立方体抗压强度试验

(1) 试验目的。掌握《混凝土物理力学性能试验方法标准》(GB/T 50081—2019) 及《混凝土强度检验评定标准》(GB/T 50107—2010) 中的内容，根据检验结果确定、校核配合比，并为控制施工质量提供依据。

(2) 主要仪器设备。

1) 压力试验机。

2) 混凝土搅拌机。

3) 振动台。

4) 试模。

5) 养护室。

6) 捣棒、金属直尺等。

(3) 试件制作。

1) 制作试件前应检查试模，拧紧螺栓并清刷干净，在其内壁涂上一薄层矿物油脂。一般以 3 个试件为一组。

2) 试件的成型方法应根据混凝土拌合物的稠度来确定。

①坍落度大于 70 mm 的混凝土拌合物采用人工捣实成型。将搅拌好的混凝土拌合物分两层装入试模，每层装料的厚度大约相同。插捣时用钢制捣棒按螺旋方向从边缘向中心均匀进行。插捣底层时，捣棒应达到试模底面；插捣上层时，捣棒应贯穿下层深度 20～30 mm。并用镘刀沿试模内侧插捣数次。每层的插捣次数应根据试件的截面而定，一般为每 100 cm 截面面积不应少于 12 次。捣实后，刮去多余的混凝土，并用镘刀抹平。

②坍落度小于 70 mm 的混凝土拌合物采用振动台成型。将搅拌好的混凝土拌合物一次装入试模，装料时用镘刀沿试模内壁略加插捣并使混凝土拌合物稍有富余，然后将试模放到振动台上，振动时应防止试模在振动台上自由跳动，直至混凝土表面出浆为止，刮去多余的混凝土，并用镘刀抹平。

(4) 试件养护。

1) 采用标准养护的试件成型后应覆盖表面，以防止水分蒸发，并在温度 (20±5)℃下静置一昼夜至两昼夜，然后拆模编号。再将拆模后的试件立即放在温度为 (20±3)℃、湿度为 90% 以上的标准养护室的架子上养护，彼此相隔 10～20 mm。

2) 无标准养护室时，混凝土试件可放在温度为 (20±3)℃的不流动水中养护，水的 pH 值不应小于 7。

3) 与构件同条件养护的试件成型后，应覆盖表面，试件的拆模时间可与实际构件的拆模时间相同，拆模后试件仍需要保持同条件养护。

(5) 试验步骤。

1) 试件从养护地点取出后，应尽快进行试验，以免试件内部的温湿度发生显著变化。

2) 先将试件擦拭干净，测量尺寸，并检查外观，试件尺寸测量精确到 1 mm，并据此计算试件的承压面积。

3）将试件安放在试验机的下压板上，试件的承压面应与成型时的顶面垂直。试件的中心应与试验机下压板中心对准。开动试验机，当上板与试件接近时，调整球座，使接触均衡。

4）混凝土试件的试验应连续而均匀地加荷，混凝土强度等级低于 C30 时，其加荷速度为 0.3~0.5 MPa/s；若混凝土强度等级高于或等于 C30 时，则为 0.5~0.8 MPa/s。当试件接近破坏而开始迅速变形时，停止调整试验机油门，直到试件破坏，并记录破坏荷载。

5）试件受压完毕，应清除上下压板上黏附的杂物，继续进行下一次试验。

（6）试验结果计算与处理。

1）混凝土立方体试件抗压强度按下式计算，精确至 0.1 MPa。

$$f_{cu} = \frac{P}{A}$$

式中　f_{cu}——混凝土立方体试件的抗压强度值（MPa）；

　　　P——试件破坏荷载（N）；

　　　A——试件承压面积（mm）。

2）以 3 个试件测值的算术平均值作为该组试件的抗压强度值。如 3 个测值中最大值或最小值中有 1 个与中间值的差值超过中间值的 15%时，则把最大或最小值舍去，取中间值作为该组试件的抗压强度值。如最大值和最小值与中间值的差均超过中间值的 15%，则该组试件的试验结果作废。

3）混凝土立方体抗压强度是以 150 mm×150 mm×150 mm 的立方体试件作为抗压强度的标准值，其他尺寸试件的测定结果应乘以尺寸换算系数。200 mm×200 mm×200 mm 试件，其换算系数为 1.05；100 mm×100 mm×100 mm 试件，其换算系数为 0.95。

4.2.5　建筑砂浆试验

1. 建筑砂浆的拌和

（1）试验目的。学会建筑砂浆拌合物的拌制方法，为测试和调整建筑砂浆的性能，进行砂浆配合比设计打下基础。

（2）主要仪器设备。

1）砂浆搅拌机。

2）磅秤。

3）天平。

4）拌合钢板、镘刀等。

（3）拌合方法。按所选建筑砂浆配合比备料，称量要准确。

1）人工拌合法。

①将拌合钢板与拌铲等用湿布润湿后，将称好的砂子平摊在拌合钢板上，再倒入水泥，用拌铲自拌合钢板一端翻拌至另一端，如此反复，直至拌匀。

②将拌匀的混合料集中成锥形，在堆上做一凹槽，将称好的石灰膏或黏土膏倒入凹槽，再倒入适量的水将石灰膏或黏土膏稀释（如为水泥砂浆，将称好的水倒一部分到凹槽里），然后与水泥及砂一起拌和，逐次加水，仔细拌和均匀。

③拌合时间一般需要 5 min，和易性满足要求即可。

2）机械拌合法。

①拌前，应先对砂浆搅拌机挂浆，即用按配合比要求的水泥、砂、水，在搅拌机中搅拌（涮膛），然后倒出多余砂浆。其目的是防止正式拌和时水泥浆挂失影响砂浆的配合比。

②将称好的砂、水泥倒入搅拌机。开动搅拌机，将水徐徐加入（如是混合砂浆，应将石灰

膏或黏土膏用水稀释成浆状），搅拌时间从加水完毕算起为 3 min。

③将砂浆从搅拌机倒在铁板上，再用铁铲翻拌两次，使之均匀。

2. 建筑砂浆的稠度试验

（1）试验目的。通过稠度试验，可以测得达到设计稠度时的加水量，或在现场对要求的稠度进行控制，以保证施工质量。掌握《建筑砂浆基本性能试验方法标准》（JGJ/T 70—2009）中的内容，正确使用仪器设备。

（2）主要仪器设备。

1）砂浆稠度仪。

2）钢制捣棒。

3）台秤、量筒、秒表等。

（3）试验步骤。

1）盛浆容器和试锥表面用湿布擦干净后，将拌好的砂浆物一次装入容器，使砂浆表面低于容器口约 10 mm，用捣棒自容器中心向边缘插捣 25 次，然后轻轻地将容器摇动或敲击 5～6 下，使砂浆表面平整，随后将容器置于稠度测定仪的底座上。

2）拧开试锥滑杆的制动螺栓，向下移动滑杆，当试锥尖端与砂浆表面刚接触时，拧紧制动螺栓，使齿条侧杆下端刚接触滑杆上端，并将指针对准零点上。

3）拧开制动螺栓，同时计时，待 10 s 立刻固定螺栓，将齿条测杆下端接触滑杆上端，从刻度盘上读出下沉深度（精确到 1 mm）即为砂浆的稠度值。

4）圆锥形容器内的砂浆，只允许测定一次稠度，重复测定时，应重新取样测定之。

（4）试验结果评定。

1）取两次试验结果的算术平均值作为砂浆稠度的测定结果，计算值精确至 1 mm。

2）两次试验值之差如大于 10 mm，则应另取砂浆搅拌后重新测定。

3. 建筑砂浆的分层度试验

（1）试验目的。测定砂浆拌和物在运输及停放时的保水能力及砂浆内部各组分之间的相对稳定性，以评定其和易性。掌握《建筑砂浆基本性能试验方法标准》（JGJ/T 70—2009）中的内容，正确使用仪器设备。

（2）主要仪器设备。

1）砂浆分层度测定仪。

2）砂浆稠度测定仪。

3）水泥胶砂振实台。

4）秒表等。

（3）试验步骤。

1）将砂浆拌合物按稠度试验方法测定稠度。

2）将砂浆拌合物一次装入分层度筒，待装满后，用木槌在容器周围距离大致相等的 4 个不同地方轻轻敲击 1～2 下，如砂浆沉落到低于筒口，则应随时添加，然后刮去多余的砂浆并用馒刀抹平。

3）静置 30 min 后，去掉上节 200 mm 砂浆，剩余的 100 mm 砂浆倒出放在拌合锅内拌 2 min，再按稠度试验方法测其稠度。前后测得的稠度之差即为该砂浆的分层度值（cm）。

（4）试验结果评定。砂浆的分层度宜为 10～30 mm，如大于 30 mm 易产生分层、离析和泌水等现象，如小于 10 mm 则砂浆过干，不宜铺设且容易产生干缩裂缝。

4. 建筑砂浆的立方体抗压强度试验

（1）试验目的。测定建筑砂浆立方体的抗压强度，以便确定砂浆的强度等级并可判断是否达到设计要求。掌握《建筑砂浆基本性能试验方法标准》（JGJ/T 70—2009），正确使用仪器设备。

（2）主要仪器设备。

1）压力试验机；

2）试模；

3）捣棒、垫板等。

（3）试件制备。

1）制作砌筑砂浆试件时，将无底试模放在预先铺有吸水性较好的湿纸的普通黏土砖上（砖的吸水率不小于10%，含水率不大于2%），试模内壁事先涂刷脱膜剂或薄层机油。

2）纸的大小要以能盖过砖的四边为准，砖的使用面要求平整，凡砖四个垂直面粘上水泥或其他胶结材料后，不允许再使用。

3）向试模内一次注满砂浆，用捣棒均匀由外向里按螺旋方向插捣25次，为了防止低稠度砂浆插捣后，可能留下孔洞，允许用油灰刀沿模壁插数次，使砂浆高出试模顶面6～8 mm。

4）当砂浆表面开始出现麻斑状态时（15～30 min），将高出部分的砂浆沿试模顶面削去抹平。

（4）试件养护。

1）试件制作后应在（20±5）℃温度环境下停置一昼夜（24±2）h，当气温较低时，可适当延长时间，但不应超过两昼夜，然后对试件进行编号并拆模。试件拆模后，应在标准养护条件下，继续养护至28 d，然后进行试压。

2）标准养护条件。

①水泥混合砂浆应为温度（20±3）℃，相对湿度60%～80%；

②水泥砂浆和微沫砂浆应为温度（20±3）℃，相对湿度90%以上；

③养护期间，试件彼此间隔不少于10 mm。

3）当无标准养护条件时，可采用自然养护。

①水泥混合砂浆应在正常温度，相对湿度为60%～80%的条件下（如养护箱中或不通风的室内）养护；

②水泥砂浆和微沫砂浆应在正常温度并保持试块表面湿润的状态下（如湿砂堆中）养护；

③养护期间必须做好温度记录。

4）在有争议时，以标准养护为准。

（5）立方体抗压强度试验。

1）试件从养护地点取出后，应尽快进行试验，以免试件内部的温度发生显著变化。试验前先将试件擦拭干净，测量尺寸，并检查其外观。试件尺寸测量精确至1 mm，并据此计算试件的承压面积。如实测尺寸与公称尺寸之差不超过1 mm，可按公称尺寸进行计算。

2）将试件安放在试验机的下压板上（或下垫板上），试件的承压面应与成型时的顶面垂直，试件中心应与试验机下压板中心对准。启动试验机，当上压板与试件（或上垫板）接近时，调整球座，使接触面均衡承压。试验时应连续而均匀地加荷，加荷速度应为0.5～1.5 kN/s（砂浆强度5 MPa以下时，取下限为宜；砂浆强度5 MPa以上时，取上限为宜），当试件接近破坏而开始迅速变形时，停止调整试验油门，直至试件破坏，然后记录破坏荷载。

（6）试验结果计算与处理。

1）砂浆立方体抗压强度应按下式计算，精确至 0.1 MPa。

$$f_{m,cu} = \frac{P}{A}$$

式中　$f_{m,cu}$——砂浆立方体试件的抗压强度值（MPa）；
　　　P——试件破坏荷载（N）；
　　　A——试件承压面积（mm）。

2）以 6 个试件测定值的算术平均值作为该组试件的抗压强度值，平均值计算精确至 0.1 MPa。当 6 个试件的最大值或最小值与平均值的差超过 20% 时，以中间 4 个试件的平均值作为该组试件的抗压强度值。

4.2.6　钢筋试验

1. 钢筋的拉伸性能试验

（1）试验目的。测定低碳钢的屈服强度、抗拉强度、伸长率 3 个指标，作为评定钢筋强度等级的主要技术依据。掌握《金属材料 拉伸试验 第 1 部分：室温试验方法》（GB/T 228.1—2021）中的内容和钢筋强度等级的评定方法。

（2）主要仪器设备。

1）万能试验机。

2）钢板尺、游标卡尺、千分尺、两脚爪规等。

（3）试件制备。

1）抗拉试验用钢筋试件一般不经过车削加工，可以用 2 个或一系列等分小冲点或细画线标出原始标距（标记不应影响试样断裂）。

2）试件原始尺寸的测定。

①测量标距长度 L_0，精确到 0.1 mm。

②圆形试件横断面直径应在标距的两端及中间处两个相互垂直的方向上各测 1 次，取其算术平均值，选用 3 处测得的横截面面积中最小值，横截面面积按下式计算：

$$A_0 = \frac{1}{4}\pi \cdot d_0^2$$

式中　A_0——试件的横截面面积（mm²）；
　　　d_0——圆形试件原始横断面直径（mm）。

（4）试验步骤。

1）屈服强度与抗拉强度的测定。

①调整试验机测力度盘的指针，使其对准零点，并拨动副指针，使与主指针重叠。

②将试件固定在试验机夹头内，开动试验机进行拉伸。拉伸速度为：屈服前，应力增加速度每秒钟为 10 MPa；屈服后，试验机活动夹头在荷载下的移动速度为不大于 $0.5L_c$/min（不经车削试件 $L_c = l_0 + 2h_1$）。

③拉伸中，测力度盘的指针停止转动时的恒定荷载，或不计初始瞬时效应时的最小荷载，即为所求的屈服点荷载 P_s。

④向试件连续施荷直至拉断，由测力度盘读出最大荷载，即为所求的抗拉极限荷载 P_h。

2）伸长率的测定。

①将已拉断试件的两端在断裂处对齐，尽量使其轴线位于一条直线上。如拉断处由于各种原因形成缝隙，则此缝隙应计入试件拉断后的标距部分长度。

②如拉断处到临近标距端点的距离大于 $1/3l_0$ 时，可用卡尺直接量出已被拉长的标距长度

l_1 （mm）。

③如拉断处到临近标距端点的距离小于或等于 $1/3l_0$ 时，可按下述移位法计算标距 l_1（mm）。

④如试件在标距端点上或标距处断裂，则试验结果无效，应重新试验。

（5）试验结果处理。

1）屈服强度按下式计算：

$$\sigma_s = \frac{P_s}{A_0}$$

式中　σ_s——屈服强度（MPa）；

　　　P_s——屈服时的荷载（N）；

　　　A_0——试件原横截面面积（mm）。

2）抗拉强度按下式计算：

$$\sigma_b = \frac{P_b}{A_0}$$

式中　σ_b——屈服强度（MPa）；

　　　P_b——最大荷载（N）；

　　　A_0——试件原横截面面积（mm）。

3）伸长率按下式计算（精确至 1%）：

$$\delta_{10}(\delta_5) = \frac{l_1 - l_0}{l_0} \times 100\%$$

式中　$\delta_{10}(\delta_5)$——$l_0 = 10d_0$ 和 $l_0 = 5d_0$ 时的伸长率；

　　　l_0——原始标距长度 $10d_0$（或 $5d_0$）（mm）；

　　　l_1——试件拉断后直接量出或按移位法确定的标距部分长度（mm）（测量精确至 0.1 mm）。

4）当试验结果有一项不合格时，应另取双倍数量的试样重做试验，如仍有不合格项目，则该批钢材判为拉伸性能不合格。

2. 钢筋的弯曲（冷弯）性能试验

（1）试验目的。通过检验钢筋的工艺性能评定钢筋的质量。掌握《金属材料　弯曲试验方法》（GB/T 232—2010）中的内容，正确使用各种仪器设备。

（2）主要仪器设备主要仪器设备有压力机或万能试验机。

（3）试件制备。

1）试件的弯曲外表面不得有划痕。

2）试样加工时，应去除剪切或火焰切割等形成的影响区域。

3）当钢筋直径小于 35 mm 时，不需加工，直接试验；若试验机能量允许时，直径不大于 50 mm 的试件亦可用全截面的试件进行试验。

4）当钢筋直径大于 35 mm 时，应加工成直径 25 mm 的试件。加工时应保留一侧原表面，弯曲试验时，原表面应位于弯曲的外侧。

5）弯曲试件长度根据试件直径和弯曲试验装置而定，通常按下式确定试件长度：

$$l = 5d + 150$$

（4）试验步骤（过程）。

1）半导向弯曲。

2）导向弯曲。

(5) 试验结果处理。按以下五种试验结果评定方法进行，若无裂纹、裂缝或裂断，则评定试件合格。

1) 完好。试件弯曲处的外表面金属基本上无肉眼可见因弯曲变形产生的缺陷时，称为完好。

2) 微裂纹。试件弯曲外表面金属基本上出现细小裂纹，其长度不大于 2 mm，宽度不大于 0.2 mm 时，称为微裂纹。

3) 裂纹。试件弯曲外表面金属基本上出现裂纹，其长度大于 2 mm，而小于或等于 5 mm，宽度大于 0.2 mm，而小于或等于 0.5 mm 时，称为裂纹。

4) 裂缝。试件弯曲外表面金属基本上出现明显开裂，其长度大于 5 mm，宽度大于 0.5 mm 时，称为裂缝。

5) 裂断。试件弯曲外表面出现沿宽度贯穿的开裂，其深度超过试件厚度的 1/3 时，称为裂断。

注：在微裂纹、裂纹、裂缝中规定的长度和宽度，只要有一项达到某规定范围，即应按该级评定。

4.3 实训报告

试验 1　土木工程材料的基本性质试验报告

一、试验内容

二、主要仪器设备及规格型号

三、试验记录

（一）材料的表观密度测试

试样名称：_____　　　试验日期：_____

气温/室温：_____　　　湿　　度：_____

1. 砂的表观密度（表 4-2）

表 4-2　砂表观密度测定结果

试样编号	烘干的砂试样质量 m_0/g	砂试样、水、容量瓶质量 m_1/g	水、容量瓶质量 m_2/g	a	表观密度 $\rho'_{(s)}=(\dfrac{m_0}{m_0+m_2-m_1}-a)\times\rho_w/(g\cdot cm^{-3})$	平均表观密度 $/(g\cdot cm^{-3})$
1						
2						

2. 石子的表观密度（表 4-3）

表 4-3　石子表观密度测定结果

试样编号	烘干的石子试样质量 m_0/g	石子试样、水、广口瓶、玻璃片总质量 m_1/g	水、广口瓶、玻璃片总质量 m_2/g	表观密度 $\rho'_{(G)}=(\dfrac{m_0}{m_0+m_2-m_1}-a)\times\rho_w/(g\cdot cm^{-3})$	平均表观密度 $/(g\cdot cm^{-3})$
1					
2					
3					
4					

(二) 材料的堆积密度测试（表 4-4）

试样名称：_____　　　试验日期：_____

气温/室温：_____　　　湿　　度：_____

表 4-4　堆积密度测试结果

试样编号		玻璃板、容量筒的质量 m'_1/g	玻璃板、容量筒与水的总质量 m'_2/g	容量筒的容积 V'_0/m³ $V'_0=\dfrac{(m'_2-m'_1)}{1\,000}$	容量筒的质量 m_1/g	容量筒和试样的总质量 m_2/g	试样的堆积密度 $\rho'_0=\dfrac{(m_2-m_1)}{V'_0}$ /(kg·m⁻³)	平均值 /(kg·m⁻³)
松散堆积密度	1							
	2							
紧密堆积密度	1							
	2							

四、试验小结

试验 2 水泥试验报告

一、试验内容

二、主要仪器设备及规格型号

三、试验记录

水泥品种：_____   强度等级：_____

产品及名称：_____   出厂日期：_____

（一）水泥细度测试（表 4-5）

试验日期：_____   气温/室温：_____   湿度：_____

表 4-5 水泥细度记录表

编号	试样质量 m/g	筛余量/g	筛余百分数/%	细度平均值/%	结果评定
1					
2					
3					

（二）水泥标准稠度测试

试验日期：_____   气温/室温：_____   湿度：_____

1. 标准法（表 4-6）

表 4-6 标准稠度用水量测定记录表

水泥用量/g	拌和用水量/mL	试杆距底板高度/mm	标准调度用水量 P/%

2. 代用法

(1) 调整水量法（表4-7）。

表4-7 标准稠度用水量测定记录表

水泥用量/g	拌和用水量/mL	试锥下沉深度 mm	标准调度用水量 P%

(2) 不变水量法（表4-8）。

表4-8 标准稠度用水量测定记录表

水泥用量/g	拌和用水量/mL	试锥下沉深度/mm	标准调度用水量 P/%

(三) 水泥凝结时间测试（表4-9）

试验日期：_____   气温/室温：_____   湿度：_____

表4-9 水泥凝结时间记录表

标准稠度用水量 P /%	加水时刻 t_1 /（时：分）	初凝时刻 t_2 /（时：分）	初凝时间 t_2-t_1 /min	终凝时刻 t_3 /（时：分）	终凝时间 t_3-t_1 /min

结论：

(四) 水泥安定性测试

试验日期：_____   气温/室温：_____   湿度：_____

1. 标准法（雷氏夹法）（表4-10）

表4-10 水泥安定性记录表

试样编号	煮前指针距离/mm	煮后指针距离/mm	平均值	结 论

2. 代用法（试饼法）

沸煮前试饼情况形容：直径约_____；厚度_____；

沸煮后目测试饼情况：_____。

结论：

(五) 水泥胶砂强度测试（表4-11）

试验日期：_____   气温/室温：_____   湿度：_____

表 4-11 水泥胶砂强度测试记录表

受力种类	编号	3 d			28 d		
		荷载/N	强度/MPa	平均强度/MPa	荷载/N	强度/MPa	平均强度/MPa
抗折	1						
	2						
	3						
抗压	1						
	2						
	3						
	4						
	5						
	6						

结论：
根据国家标准，该水泥强度等级为 _____。

四、试验小结

试验3 混凝土用集料性能试验报告

一、试验内容

二、主要仪器设备及规格型号

三、试验记录

（一）砂的筛分析试验

试样名称：_____   试验日期：_____

气温/室温：_____   湿　　度：_____

根据计算出的细度模数（表4-12）选择相应级配范围图，将累计筛余百分率 A（点）描绘在图4-3～图4-5中，连接各点成线，并据此判断试样的级配好坏。

表4-12　砂子细度模数计算表

筛孔尺寸/mm	9.50	4.75	2.36	1.18	0.60	0.30	0.15	筛底
筛余质量/g								
分计筛余百分率 a/%								
累计筛余百分率 A/%								
细度模数　$M_x = \dfrac{(A_{2.36}+A_{1.18}+A_{0.60}+A_{0.30}+A_{0.15})-5A_{4.75}}{(100-A_{4.75})}$								$M_x=$

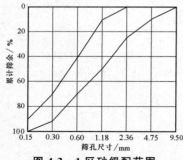
图4-3　1区砂级配范围

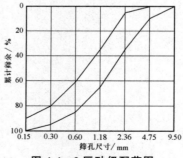
图4-4　2区砂级配范围

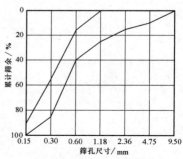
图4-5　3区砂级配范围

结论：
据细度模数，此砂属于_____砂。

（二）石子的堆积密度与空隙率检验（表 4-13～表 4-15）

试样名称：_____　　　试验日期：_____
气温/室温：_____　　　湿　度：_____

表 4-13　石子松散堆积密度试验计算表

序号	容积筒质量 m_1 /kg	容积筒加石子质量 m_2 /kg	石子质量 (m_2-m_1) /kg	容积筒容积 /L	堆积密度 /(kg·m^{-3})	堆积密度平均值 /(kg·m^{-3})
1						
2						

表 4-14　石子紧密堆积密度试验计算表

序号	容积筒质量 m_1 /kg	容积筒加石子质量 m_2 /kg	石子质量 (m_2-m_1) /kg	容积筒容积 /L	堆积密度 /(kg·m^{-3})	堆积密度平均值 /(kg·m^{-3})
1						
2						

表 4-15　石子空隙率计算表

石子表观密度 r_g/(kg·m^{-3})	石子的松散堆积密度 r'_{0g}/(kg·m^{-3})	石子的空隙率/%

四、试验小结

试验4 普通混凝土拌合物性能试验报告

一、试验内容

二、主要仪器设备及规格型号

三、试验记录

（一）普通混凝土拌合物和易性测试（表4-16和表4-17）

试验日期：_____　　气温/室温：_____　　湿度：_____
粗集料种类：_____　　粗集料最大粒径：_____
砂　　　率：_____　　拟订坍落度：_____

表4-16　混凝土试拌材料用量表

	材料	水泥	水	砂子	石子	外加剂	总量	配合比 （水泥∶水∶砂子∶石子）
调整前	每立方混凝土材料用量/kg							
	试拌15 L混凝土材料量/kg							

表4-17　混凝土拌合物和易性试验记录表

	材料	水泥	水	砂子	石子	外加剂	总量	坍落度值/mm
调整后	第一次调整增加量/kg							
	第二次调整增加量/kg							
	合计/kg							

坍落度平均值：_____；
黏聚性评述：_____；
保水性评述：_____；
和易性评定：_____。

（二）用维勃稠度法测试混凝土拌合物和易性

试验日期：_____　　　气温/室温：_____　　　湿度：_____；

粗集料种类：_____；粗集料最大粒径：_____；

砂　　　率：_____；拟订坍落度：_____；

混凝土配合比（水泥：水：砂子：石子）：_____；

维勃稠度值：_____。

（三）混凝土拌合物和表观密度测试（表4-18）

　　试验日期：_____　　　气温/室温：_____　　　湿度：_____

　　经和易性调整后的混凝土配合比（水泥：水：砂子：石子）：_____

表 4-18　混凝土拌合物表观密度试验记录表

试样编号	容积筒与试样的总质量 m_2/kg	容积筒的质量 m_1/kg	混凝土拌合物质量 (m_2-m_1)/kg	容积筒的容积 V_0/L	拌合物表观密度 $\rho_{c,t}$/（kg·m^{-3}）
1					
2					
3					

四、试验小结

试验 5　普通混凝土强度试验报告

一、试验内容

二、主要仪器设备及规格型号

三、试验记录

（一）普通混凝土强度测试件成型与养护（表 4-19）

试验日期：＿＿＿＿＿＿＿＿　　气温/室温：＿＿＿＿＿＿＿＿　　湿度：＿＿＿＿＿＿＿＿

表 4-19　混凝土抗压强度试件成型与养护记录表

成型日期	水胶比	拌合方法	养护方法	捣实方法	养护条件	养护龄期
欲拌混凝土强度等级						

（二）普通混凝土立方体抗压强度测试（表 4-20）

试验日期：＿＿＿＿＿＿＿＿　　气温/室温：＿＿＿＿＿＿＿＿　　湿度：＿＿＿＿＿＿＿＿

表 4-20　混凝土抗压强度试验记录表

试块编号	试件截面尺寸		受压面积 A /mm²	破坏荷载 F /N	抗压强度 f /MPa	平均抗压强度 f_{cu} /MPa
	试块长 a /mm	试块宽 b /mm				
1						
2						
3						

结果评定：

根据国家规定，该混凝土强度等级为＿＿＿＿＿＿＿＿＿＿＿＿＿＿＿＿。

四、试验小结

试验 6　钢筋试验报告

一、试验内容

二、主要仪器设备及规格型号

三、试验记录

（一）钢材的拉伸试验（表 4-21）

试验日期：_____　　气温/室温：_____　　湿度：_____

表 4-21　钢材拉伸试验记录表

	试样编号		
	试样原始截面积 S_0/mm		
	试样原始标距 L_0/mm		
屈服强度	屈服强度 σ_s/MPa	屈服荷载 F_s/N	
		屈服强度 σ_s/MPa	
抗拉强度		最大拉力 F_b/N	
		抗拉强度 σ_b/MPa	
断后伸长率		试件断后标距 L_1/mm	
		断后伸长率 δ/%	
断面收缩率		颈缩处最小断面面积 S_1/mm²	
		断面收缩率 Z/%	

(二) 钢材的冷弯试验（表 4-22）

试验日期：_____ 气温/室温：_____ 湿度：_____

表 4-22　钢材冷弯试验记录表

试样编号	试件尺寸		弯心直径 d	支辊间距离 l/mm	弯曲角度 α/（°）	试验结果
	厚度（或直径） a/mm	长 L/mm				

四、试验小结

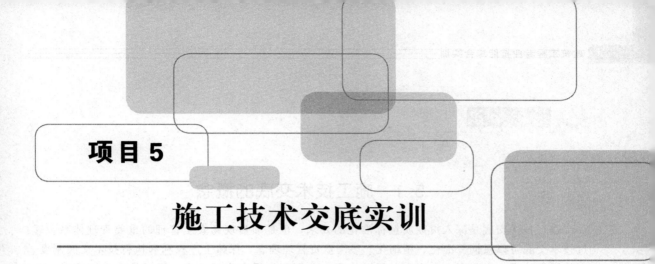

项目 5

施工技术交底实训

通过实践教学,学生能够根据技术方案特点进行技术交底文件的编制并完成技术交底和在实际工作中能适应施工员岗位的要求并具备相应的交底能力。

知识目标

学生对施工方法技术及质量要求的知识应有进一步的认识,还要掌握施工技术交底文件编制的基本程序与内容。

能力目标

(1) 具备收集技术交底文件编写所需的资料和信息的能力。
(2) 具备将资料和信息整理成技术交底文件的能力。
(3) 具备确定交底人和被交底人的身份和角色的能力。
(4) 具备进行技术交底并落实交底人和被交底人签字的能力。
(5) 具备根据项目质量与安全等要求及时进行技术方案实施情况的记录的能力。

素质目标

培养学生具备工程施工法律意识、契约精神,提高学习能力,增强专业及职业素养。

5.1 施工技术交底的概念

进行技术交底是深入贯彻质量标准化的要求，也是项目现场安全管理的重要管理体系。通过技术交底可以贯彻标准化、精细化、一岗双责管理理念，保障生产权利和执行技术交底制度。正确履行技术交底程序，在程序上可以体现企业管理水平和责任落实。通过技术交底确保工人和各级管理人员熟悉所承担工程任务的特点、技术要求、施工工艺、工程难点、施工操作要点及工程质量标准、安全措施、进度要求、文明施工，充分理解设计意图，做到心中有数。

技术交底是施工工序中首要环节，应认真执行。未经批准不得施工，被交底人如果未能理解意图，不能执行交底的各项要求者不能参与施工。

5.2 施工技术交底的分类

（1）设计交底，即设计图纸交底，也称为图纸会审。这是在建设单位主持下，由设计单位向各施工单位与各设备专业施工单位进行的交底，主要交代建筑物的功能与特点、设计意图与要求等。

（2）施工组织设计交底。

1）重点和大型工程施工组织设计交底：由施工企业的技术负责人把主要设计要求、施工措施以及重要事项对项目主要管理人员进行交底。其他工程施工组织设计交底由项目技术负责人进行交底。

2）专项施工方案技术交底：由项目专业技术负责人负责，根据专项施工方案对专业工长进行交底。

（3）分项工程施工技术交底。这是一项工程施工前，由工地技术负责人（施工员）对施工队（组）长进行的交底。通过交底，直接生产操作者能抓住关键，顺利施工，并按图施工。一般工程中的技术交底就是指分项工程施工技术交底。

（4）设计变更技术交底。设计变更技术交底由项目技术部门根据变更要求，并结合具体施工步骤、措施及注意事项等对专业工长进行交底。

（5）测量工程专项交底。由工程技术人员对测量人员交底。

（6）安全技术交底。负责项目管理的技术人员应当对有关安全施工的技术要求向施工作业班组、作业人员进行交底。

工程中的技术交底通常是指分项工程施工技术交底。

5.3 编写施工技术交底文件的依据

（1）相关规范、标准，工程设计文件，工程施工合同及相关资料，工程设计文件，公司对于本工程的相关决策和要求，工程部编制的重大、特殊施工方案，各级主管部门下达的有关制度要求和管理办法文件，当地主管部门的有关规定，本项目的技术标准及质量管理体系文件。

（2）工程施工图纸、标准图集、图纸会审记录、设计变更及工作联系单位等技术文件。

（3）施工组织设计、施工方案对本分项分部工程、特殊工程等的技术、质量和其他要求。

（4）其他有关文件：工程所在地建设主管部门（含工程质量监督站）有关工程管理、技术推广、质量管理及治理质量通病等方面的文件；发布工程技术质量管理要点、检查通报等文件。特别应该注意落实其中提出的预防和治理质量通病、解决施工问题的技术措施等。

5.4　施工技术交底文件的内容

不同的施工阶段、不同的工程特性都必须保持实施工程的管理人员和操作人员都了解交底者的意图。

（1）施工组织设计交底的内容包括工程特点、难点、主要施工工艺及施工方法、进度安排、组织机构设置与分工及质量、安全技术措施等。

（2）分项工程施工技术交底内容为该专业工程、过程、工序的施工工艺、操作方法、要领、质量控制、安全措施等。如班组、环境条件、施工内容没有什么变化的标准层，在第一次详细交底后的交底中可以只将本次的不同内容和前一次施工中存在的问题及改进措施进行交底，其他相同内容可不再交底。

5.5　施工技术交底的编制要求

（1）必须符合建筑工程施工规范、技术操作规程、质量验收规范工程质量评定标准等相应规定。

（2）必须执行国家各项技术标准，包括计量单位和名称。

（3）符合与实现设计施工图中的各项技术要求。

（4）应符合和体现上一级技术领导技术交底中的意图和具体要求，应符合和实现施工组织设计或施工方案的各项要求，包括技术措施和施工进度等要求。

（5）对不同层次的施工人员，其技术交底深度与详细程度不同，也就是说对不同人员其交底的内容深度和说明的方式要有针对性。

（6）技术交底应力求做到：主要项目齐全，内容具体明确、符合规范，重点突出，表述准确，取值有据，必要时辅以图示。对工程施工能起到指导作用，具有针对性、指导性和可操作性。

1) 对施工结构的具体尺寸进行交底，建立施工图翻样制度，保证无论施工到何位置，现场施工班组手里都有标注清楚、通俗易懂的施工大样图；

2) 技术交底要以"现场干的，就是交底中写的、画的"为指导思想，不能发生班组施工自由发挥的情况出现，一旦发生漏项情况，班组立即通过一定的程序反馈得到解决。

（7）技术交底中不应出现"未尽事宜参照×××××（规范）执行"等类似的内容。要在大样图的基础上，把设计图纸的控制要点写清楚，把规范的重点条文体现在大样图和控制要点里；同时把要达到的具体质量标准写清楚，作为班组自检的依据，使施工人员在开始施工时就是按照验收标准来施工，体现过程管理的思路，使施工人员变被动为主动。

（8）施工技术交底应在项目施工前进行。

5.6　施工技术交底的形式

施工技术交底可以用会议口头沟通形式或示范、样板等作业形式，也可以用文字、图像表达形式，但都要形成记录并归档。

（1）会议交底。施工单位总工程师向项目经理和技术负责人进行技术交底一般采用技术会议交底形式，由建筑公司总工程师主持会议，公司技术科、安全检查科等有关科室、项目经理、项目技术负责人等及各专业工程师等参加会议。

将工程项目的施工组织设计或施工方案做专题介绍，提出实施具体办法和要求，再由技术科对施工方案中的重点细节做详细说明，提出具体要求（包括施工进度要求），由质量安全检查科对施工质量与技术安全措施做详细交底。

（2）书面交底。项目技术负责人向各作业班组长和工人进行技术交底，应强调采用书面交底的形式，这不仅仅是因为书面技术交底是工程施工技术资料中必不可少的，施工完毕后应归档，而且是分清技术责任的重要标志。特别是出现重大质量事故与安全事故时，是作为判明技术负责者的一个主要标志。

（3）施工样板交底：对新技术、新结构、新工艺、新材料首次使用时，为了谨慎起见，建筑工程中的一些分部分项工程，常采用样板交底的方法。

所谓样板交底，就是根据设计图纸的技术要求、在满足施工及验收规范的前提下，在建筑工程的一个自然间、一根柱、一根梁、一道墙、一块样板上，由本企业技术水平较高的老工人先做出达到优良品标准的样板，作为其他工人学习的实物模型，使其他工人掌握操作要领，熟悉施工工艺操作步骤、质量标准。

（4）岗位技术交底。一个分部分项工程的施工操作，是由不同的工种工序和岗位所组成的。如混凝土工程，不单是混凝土工浇筑混凝土，还须事先进行支模、混凝土的配料及拌制，在混凝土水平与垂直运输之后才能在预定地区进行混凝土的灌筑，这一分项工程由很多工种进行合理配合才行，只有保证这些不同岗位的操作质量，才能确保混凝土工程的质量。

有的施工企业制定工人操作岗位责任制，并制定操作工艺卡，根据施工现场的具体情况，以书面形式向工人随时进行岗位交底，提出具体的作业要求，包括安全操作方面的要求。

5.7　施工技术交底的组织

施工技术交底由项目工程部门负责组织，由项目工长对分包单位及外联队的技术负责人以及班组长进行书面和口头交底，经各方确认后在分项技术交底上进行签认。分项技术交底一旦下发，将作为作业指导书，指导施工及作为质量检查的依据。

5.8　施工技术交底的管理

（1）项目建立技术交底的台账或目录，公司（分公司）在过程中加强检查指导，保证内容、过程和形式的有效性；

（2）交底后须进行过程监控，及时指导、纠偏，确保每一个工序都严格按照交底内容组织实施；

（3）对项目关键、特殊工序须建立监控表，明确过程控制参数和过程检查记录；由项目质量总监组织生产、质检、技术、安全等部门进行复核，跟踪检查。

5.9　施工技术交底与施工组织设计、施工方案、作业指导书的不同点

施工组织设计、施工方案、技术交底、作业指导书是几个不同层次的文件，这几个文件中关于施工组织设计的内容是整个工程的纲领性文件，施工方案应具有指导性，施工措施是施工方案的一部分具体内容，技术交底是施工方案的延伸，应具有可操作性，而作业指导书又可以说是技术交底的细化。作业指导书和技术交底的关系如施工方案和施工组织设计一样。

实 训

5.1 实训能力

教师讲授施工技术交底的原则和方法,编制交底文件的支撑知识点。主要就一个施工项目实例进行实训教学。

通过本实训,学生应:

(1) 熟悉施工技术交底工作的程序。

(2) 掌握交底文件的编写技能。

(3) 掌握落实交底签字手续流程及要求。

5.2 实训方法

学生以 6~8 人为一组,要求每组完成一份完整的分项工程的交底文件,且按要求参加各项交底活动。

5.3 实训程序

模块 1　收集技术交底文件编写所需的资料和信息

(1) 任务说明。

1) 确认分项工程内容。

2) 获取涉及本分项工程的文件。

3) 汇总资料。

(2) 操作过程。

1) 确认分项工程内容。学生分别扮演施工员、项目经理。

技术交底文件编写人(施工员)向项目经理领取技术交底文件编写任务,确定分项工程。

2) 获取涉及本分项工程的文件。学生分别扮演施工员、标准员、资料员。

技术交底文件编写人(施工员)向标准员索取国家、行业、地方标准、规范、规程、标准图集。

技术交底文件编写人(施工员)向资料员索取工程施工图纸、图纸会审记录、施工组织设计、施工方案、设计变更及工作联系单位等技术文件、工程所在地建设主管部门(含工程质量监督站)有关工程管理、技术推广、质量管理及治理质量通病等方面的文件;公司发布的年度工程技术质量管理工作要点、工程检查通报等文件。

填写资料收集表(表 5-1)。

表 5-1　资料收集表

资料名称	是否已收集(已收集打"√")	是否有效(有效打"√")
合同文件施工图纸		
实施性施工组织设计		
单项(分项、分部工程)施工方案		

续表

资料名称	是否已收集（已收集打"√"）	是否有效（有效打"√"）
关键工序		
特殊工序施工方案		
作业指导书上一级技术交底文件		
现场实际情况		

3）汇总资料。学生查找获取的资料，选出和本分项工程相关的信息。

模块 2　填写技术交底文件

（1）任务说明。

1）填写技术交底项目信息。

2）编制有针对性的技术交底内容。

3）审核交底文件。

（2）操作过程。施工技术交底文件样表见表 5-2。

表 5-2　施工技术交底文件样表

技术交底记录		编号	
工程名称		交底日期	
施工单位		分项工程名称	
作业班组		分项工程位置	
交底内容：			
1. 项目概况： 　　交底作业内容： 　　具体部位： 　　工程量			
2. 施工准备人员： 　　材料： 　　机具： 　　作业条件			
3. 施工进度要求			
4. 施工工艺： 　　工艺流程图： 　　工艺要点			
5. 成品保护			
6. 质量要求： 　　验收评定标准： 　　质量保证措施			
7. 其他要求： 　　绿色施工措施： 　　职业健康安全措施： 　　文明施工措施			

续表

会签栏	质量		安全		绿色施工		审批人	
	时间		时间		时间		时间	
交底人								
受交底人								
交底时间								

技术交底内容应根据分部分项工程施工内容并结合本队施工范围和内容进行组织,具体包括本队的施工范围,有关施工图纸的解释,分部分项工程作业指导书,分部分项工程安全、质量目标和保证措施,具体操作要点,分部分项工程的进度要求,文明施工要求,施工过程施工队成员的责任及分工,质量监督检查办法及施工资料整理,其他施工注意事项等。

分部分项工程技术交底注意事项如下:

1) 技术交底文件的编写应在施工组织设计或施工方案编制以后进行,将施工组织设计或施工方案中的有关内容纳入施工技术交底,不能偏离施工组织设计的内容。

2) 技术交底文件的编写不能完全照搬施工组织设计内容,应根据实施工程的具体特点,综合考虑各种因素,提高质量,保证可行,便于实施。

3) 本工程或本项目交底中没有或不包括的内容,一律不得照抄规范和规定。

不同分部工程的施工要点有一定区别。常见分部工程编制要点见表 5-3。

表 5-3 常见分部工程编制要点

序号	分项工程	编制要点
1	土方工程	1. 地基土的性质与特点; 2. 各种标桩的位置与保护办法; 3. 挖填土的范围和深度,放边坡的要求,回填土与灰土等夯实方法及容积密度等指标要求; 4. 地下水或地表水排除与处理方法; 5. 施工工艺与操作规程中有关规定和安全技术措施
2	砌筑工程	1. 砌筑部位; 2. 轴线位置; 3. 各层水平标高; 4. 门窗洞口位置; 5. 墙身厚度及墙厚变化情况; 6. 砂浆强度等级、砂浆配合比及砂浆试块组数与养护; 7. 各预留洞口和各专业预埋件位置与数量、规格、尺寸; 8. 砌体组砌方法和质量标准; 9. 质量通病预防办法、安全注意事项等
3	模板工程	1. 各种钢筋混凝土构件的轴线和水平位置、标高、截面形式与几何尺寸; 2. 支模方案和技术要求; 3. 支承系统的强度、稳定性具体技术要求; 4. 拆模时间; 5. 预埋件、预留洞的位置、标高、尺寸、数量及预防其移位的方法; 6. 特殊部位的技术要求及处理方法; 7. 质量标准与其质量通病预防措施,安全技术措施

续表

序号	分项工程	编制要点
4	钢筋工程	1. 所有构件中钢筋的种类、型号、直径、根数、接头方法和技术要求； 2. 预防钢筋位移和保证钢筋保护层厚度技术措施； 3. 钢筋代换的方法与手续办理； 4. 特殊部位的技术处理； 5. 高空作业注意事项； 6. 质量标准及质量通病预防措施，安全技术措施和注意事项
5	混凝土工程	1. 不同部位、不同标高混凝土种类和强度等级； 2. 其配合比、水胶比、坍落度的控制及相应技术措施； 3. 搅拌、运输、振捣有关技术规定和要求； 4. 混凝土浇灌方法和顺序，混凝土养护方法； 5. 施工缝的留设部位、数量及其相应采取技术措施、规范的具体要求； 6. 大体积混凝土施工温度控制的技术措施； 7. 防渗混凝土施工具体技术细节和技术措施实施办法； 8. 混凝土试块留置部位和数量与养护； 9. 须放各种预埋件、预留洞位移具体技术措施，特别是机械设备地脚螺栓移位，在施工时提出具体要求； 10. 质量标准和质量通病预防办法（由于混凝土工程出现质量问题一般比较严重，在技术交底时更应予以重视），混凝土施工安全技术措施与节约措施
6	脚手架工程	1. 所用的材料种类、型号、数量、规格及其质量标准； 2. 架子搭设方式、强度和稳定性技术要求（必须达到牢固、可靠的要求）； 3. 架子逐层升高技术措施和要求； 4. 架子立杆垂直度和沉降变形要求； 5. 架子工程搭设工人自检和逐层安全检查部门专门检查； 6. 重要部位架子，如下撑式挑梁钢架组装与安装技术要求和检查方法； 7. 架子与建筑物连接方式与要求； 8. 架子拆除方法和顺序及其注意事项； 9. 架子工程质量标准和安全注意事项
7	楼地面工程	1. 各部位的楼地面种类、工程做法与技术要求、施工顺序、质量标准； 2. 新型楼地面或特殊行业（如广播电视）特定要求的施工工艺； 3. 楼地面质量标准及确保工程质量标准所采取的技术措施
8	屋面与防水工程	1. 屋面和防水工程的构造、形式、种类，防水材料型号、种类、技术性能、特点、质量标准及注意事项； 2. 保温层与防水材料的种类和配合比、表观密度、厚度、操作工艺； 3. 基层的做法和基本技术要求，铺贴或涂刷的方法和操作要求； 4. 各种节点处理方法； 5. 防渗混凝土工程止水技术处理与要求； 6. 操作过程中防护和防毒及其安全注意事项
9	装修工程	1. 各部位装修的种类、等级、做法和要求、质量标准、成品保护技术措施； 2. 新型装修材料和有特殊工艺装修要求的施工工艺和操作步骤，与有关工序联系交叉作业互相配合协作； 3. 安全技术措施，特别是外装修高空作业安全措施

填写重点如下：

①"工程名称"栏与施工图纸中的图签一致。

②"交底日期"栏按实际交底日期填写。

③做分项工程技术交底时，应填写"分项工程名称"，其他技术交底可不填写。

④"交底内容"应有可操作性和针对性，使施工人员持技术交底便可进行施工。文字尽量通俗易懂，图文并茂。严禁出现详见某某规程、某某标准的表述，而要将规范、规程中的条款转换为通俗语言。

⑤接受人要签字，必要时另附一张签字表单。

施工技术交底文件的文本格式要求如下：

①技术方案和交底文件应表述简明、逻辑严谨、层次分明，优先选用图表方式描述。

②技术方案和交底应针对具体作业项目提出明确的要求，避免照抄各种规范标准。

③文件中的称谓及名词，尽量使用中文，避免使用未经统一的英文字母代号。

④行文语序必须符合汉语语言规范，不得英文直译。

⑤正确使用数字、公式、符号、法定计量单位、代号、技术词汇、专业术语。

（3）填写内容。

1）填写技术交底项目信息。

①填写编号。按项目编号→分部工程编号→分项工程编号→工序编号→工作批次号的顺序填写。

②填写工程的完整全称。工程名称非简写，与合同名称完全对应。

③填写施工单位的完整全称。施工单位名称非简写，与合同名称完全对应。如有总分包，应明确填写总包单位与分包单位名称。

④填写作业班组的组别名称。

⑤填写交底日期。时间应明确。日期具体到年月日。"年"应用四位数字表示，"月"和"日"应分别用两位数字表示。

⑥按照规范填写本次交底分项工程名称。

⑦按作业范围、轴线、标高、尺寸等填写分项工程具体施工部位。

具体施工部位与施工方案完全对应。

2）编制有针对性的技术交底内容。

①填写工程概况。在总交底中，从施工方案中查找总项目概况并填写表格。

②编写施工准备内容。

a. 材料。根据设计图纸说明施工所需材料的名称、规格、型号，材料质量标准，材料品种规格等直观要求，判定合格后方可使用。

b. 机具设备：

机械设备。说明所使用机械的名称、型号、性能、使用要求等。尤其使用特种设备相关要求和注意事项。

人员配备。说明施工应配备的人员配备数量，包括工种配备的要求等，必要时应对特种作业人员进行相关的培训，做到持证上岗。

作业条件。说明与本道工序相关的上道工序应具备的条件，是否已经验收过并合格，本工序施工现场施工前应具备的条件等。

③编写施工进度要求。根据上一级施工方案确定施工进度要求，可以用文字描述，也可以用图表格式表达。时间明确，与上一级施工方案无冲突。有交叉作业，需要确定其工艺要求的

间歇时间。

④编写施工流程。详细列出该项目的操作工序以及报检流程。一般宜用流程图表达。

⑤编写施工过程详解。根据工艺流程所列的工序,结合施工图分别对施工要点进行详细叙述,并提出相应的要求,可选择文字、图表、视频等多种形式汇总整理工艺要点。

施工过程中应贯彻的各项制度,如自检、交接检、专职检、样板制、分部分项工程质量评定以及现场场容管理制度等的具体要求。

对容易发生质量问题、安全问题的因素,以及会影响施工工艺的绿色施工因素等,要特别注意列出措施和要求。对施工中的质量通病进行分析并制定具体的质量通病防范措施,以及对季节性施工应采取的措施进行较为详细的说明。

如施工中采用了新工艺、新材料、新技术、新产品,则应对此部分的内容进行详细说明。

⑥编写成品保护要求。查找施工方案及相关规范,确认成品保护要求,列出保护所用的材料、保护方法、保护要点和要求、保护开始和终止时间等内容。可选择文字、图表等多种形式进行表达。

⑦编写质量验收及记录。

a. 质量标准。以国家标准规范为主要依据,结合本工程的实际情况来进行编制。

b. 质量记录。列明实际工程中涉及的与质量相关的相应检验记录。做到数据真实有效,能直接反映出问题的关键所在。

⑧编写环境、职业健康安全施工要求。查找施工方案,结合项目特点及合同要求,确认涉及绿色施工、职业健康安全、文明施工等内容并进行汇总。要求:对应现场实际情况;不偏离上一级施工方案内容;符合现行规范要求。

a. 绿色施工措施。涉及本交底的"四节一保"(节能、节地、节水、节材、环境保护)措施,按国家、行业、地方法规环保要求及企业对社会承诺,选择切实可行的环境保护措施。

b. 职业健康安全措施。内容包括作业相关安全防护设施要求,个人防护用品要求,作业人员安全素质要求,接受安全教育要求,项目安全管理规定,特种作业人员执证上岗规定,应急相应要求,相关机具安全使用要求,相关用电安全技术要求,相关危害因素的防范措施,文明施工要求,相关防护要求等施工中应采取的安全措施。

c. 文明施工措施。按国家、行业、地方法规要求及企业对社会承诺,选择切实可行的措施。

3)提交审批技术交底文件。学生分别扮演施工员、项目经理等。技术交底文件编写人(施工员)将完成的技术交底文件分别交给安全、质量、绿色施工负责人会签后,再交给项目技术负责人审批。要求流程正确,会签完整。

【例5-1】某轻型井点降水交底文件见表5-4。

表 5-4 某轻型井点降水交底文件

技术交底记录		编号	×××
工程名称	××工程	交底日期	××年××月××日
施工单位	××建筑公司	分项工程名称	轻型井点降水
作业班组	××	分项工程位置	

交底内容：

一、项目概况

某建筑工程基坑平面为长方形，基坑底宽 10 m、长 19 m、深 4.1 m，边坡为坡度为 1∶0.5。地下水位为－0.6 m。根据地质勘察资料，该处地面下 0.7 m 为杂填土，此层下面有 6.6 m 的细砂层，土的渗透系数 $K=5$ m/d，再往下为不透水的黏土层。现采用轻型井点设备进行人工降低地下水位，机械开挖土方。

二、施工准备

1. 施工机具

（1）滤管：$\phi 38\sim\phi 55$ mm，壁厚 3.0 mm 无缝钢管或镀锌管，长 2.0 m 左右，一端用厚为 4.0 m 钢板焊死，在此端 14 m 长范围内在管壁上钻 $\phi 15$ mm 的小圆孔，孔距为 25 mm，外包两层网，滤网采用编织布，外再包一层网眼较大的尼龙丝、每隔 50～60 mm 用 8 号钢丝绑扎一道，滤管另一端与井点管进行连接。

（2）井点管：$\phi 38\sim\phi 55$ mm，壁厚为 3.0 mm 无缝钢管或镀锌管。

（3）连接管：透明管或胶皮管与井点管和总管连接，采用 8 号钢丝绑扎，应扎紧以防漏气。

（4）总管：$\phi 75\sim\phi 102$ mm 钢管，壁厚为 4.0 mm，用法兰盘加橡胶垫圈连接，防止漏气、漏水。

（5）抽水设备：根据设计配备离心泵、真空泵或射流泵，以及机组配件和水箱。

（6）移动机具：自制移动式井架（采用振冲机架旧设备）、牵引力为 6 t 的绞车。

（7）凿孔冲击管：$\phi 2\,198$ mm×$\phi 8$ mm 的钢管，其长度为 10 m。

（8）水枪：$\phi 508$ mm×$\phi 5$ mm 无缝钢管，下端焊接一个 $\phi 16$ mm 的枪头喷嘴，上端弯成大约直角，且伸出冲击管外，与高压胶管连接。

（9）蛇形高压胶管：压力应达到 150 MPa 以上。

（10）高压水泵，100TSW－7 高压离心泵，配备一个压力表，做下井管。

2. 材料

粗砂与豆石，不得采用中砂，严禁使用细砂，以防堵塞滤管网眼。

3. 技术准备

（1）详细查阅工程地质勘察报告，了解工程地质情况，分析降水过程中可能出现的技术问题和采取的对策。

（2）凿孔设备与抽水设备检查。

三、施工进度要求

××年××月××日—××年××月××日，共××天

四、施工工艺

工艺流程图：

井点放线定位→安装高位水泵→凿孔安装埋设井点管→布置安装总管→井点管与总管连接→安装抽水设备→试抽与检查→正式投入降水程序

工艺要点：

（一）井点安装

1. 井点管埋设

（1）根据建设单位提供测量控制点，测量放线确定井点位置，然后在井位先挖一个小土坑，深约 500 mm，以便于冲击孔时集水，埋管时灌砂，并用水沟将小坑与集水坑连接，以便于排泄多余水。

（2）用绞车将简易井架移到井点位置，将套管水枪对准井点位置，启动高压水泵，水压控制在 0.4～0.8 MPa。在水枪高压水射流冲击下套管开始下沉，并不断地升降套管与水枪。一般含砂的黏土，按经验，套管落距在 1 000 mm 之内，在射水与套管冲切作用下，在 10～15 min 时间之内，井点管可下沉 10 m 左右。若遇到较厚的纯黏土时，沉管时间要延长，此时可采取增加高压水泵的压力，以达到加速沉管的速度。冲击孔的成孔直径应达到 300～350 mm，保证管壁与井点管之间有一定间隙，以便于填充砂石，冲孔深度应比滤管设计安置深度低 500 mm 以上，以防止冲击套管提升拔出部分土塌落，并使滤管底部存有足够的砂石。

续表

技术交底记录		编号	×××

2. 冲洗井管

将 φ15～φ30 mm 的胶管插入井点管底部进行注水清洗,直到流出清水为止。应逐根进行清洗,避免出现"死井"。

3. 管路安装

首先,沿井点管线外侧,铺设集水毛管,并用胶垫螺栓把干管连接起来,主干管连接水箱水泵,然后拔掉井点管上端的木塞,用胶管与主管连接好,再用10号钢丝绑好,防止管路不严漏气而降低整个管路的真空度。主管路的流水坡度按坡向泵房5‰的坡度并用砖将主干管垫好。同时,做好冬季降水防冻保温。

4. 检查管路

检查集水干管与井点管连接的胶管的各个接头在试抽水时是否有漏气现象,发现这种情况应重新连接或用油腻子堵塞,重新拧紧法兰盘螺栓和胶管的铁丝,直至不漏气为止。在正式运转抽水之前必须进行试抽,以检查抽水设备运转是否正常,管路是否存在漏气现象。在水泵进水管上安装一个真空表,在水泵的出水管上安装一个压力表为了观测降水深度是否达到施工组织设计所要求的降水深度,在基坑中心设置一个观测井点,以便于通过观测井测量水位,并描绘出降水曲线。

在试抽时,应检查整个管网的真空度,应达到550 mmHg(73.33 kPa),方可进行正式投入抽水。

(二)抽水

轻型井点管网全部安装完毕后进行试抽。当抽水设备运转一切正常后,整个抽水管路无漏气现象,可以投入正常抽水作业。开机后一个星期后将形成地下降水漏斗,并趋向稳定,土方工程可在降水10 d后开挖。

(三)注意事项

(1)在正式开工前,由电工及时办理用电手续,保证在抽水期间不停电。

(2)轻型井点降水应经常进行检查,其出水规律应"先大后小,先浑后清"。若出现异常情况,应及时进行检查。

(3)在抽水过程中,应经常检查和调节离心泵的出水阀门以控制流水量,当地下水位降到所要求的水位后,减少出水阀门的出水量。尽量使抽吸与排水保持均匀,达到细水长流。

(4)现场设专人经常观测真空度,若抽水过程中发现真空度不足,应立即检查整个抽水系统有无漏气环节,并应及时排除。

(5)在抽水过程中,特别是开始抽水时,应检查有无井点管淤塞的死井,可通过管内水流声、管子表面是否潮湿等方法进行检查。如"死井"数量超过10%,则严重影响降水效果,应及时采取措施,采用高压水反复冲洗处理。

(6)如黏土层较厚,沉管速度会较慢,如超过常规沉管时间时,可采取增大水泵压力,为1.0～1.4 MPa,但不要超过15 MPa。

(7)主干管应按本交底做好流水坡度,流向水泵方向。由于地质情况比较复杂,工程地质报告与实际情况不符,应因地制宜地采取相应技术措施,并向公司技术部通报

五、成品保护

略

六、质量要求

略

七、其他要求

略

会签栏	质量		安全		绿色施工		审批人	
	时间		时间		时间		时间	

交底人	
受交底人	
交底时间	

模块3 进行技术交底

（1）任务说明。

1）确定交底人和被交底人的身份和角色。

2）进行技术交底。

3）落实交底人和被交底人签字。

（2）操作过程。

1）确定交底人和被交底人的身份和角色。学生抽签以确定各自角色。明确项目技术负责人、专业工长、管理人员、操作人员身份。

2）进行技术交底。施工技术交底由项目技术负责人组织，专业工长和/或专业技术负责人具体编写，经项目技术负责人审批后，由专业工长和/或专业技术负责人向施工班组长和全体施工作业人员交底。

①确认交底文件。专业技术负责人查看交底文件，检查内容填写是否完整明确；是否符合现行规范及合同要求；是否符合现场实际情况；会签是否完整。

②交底。技术交底以书面形式或视频、幻灯片、样板观摩等方式进行。现场可采用多种方法进行。

学生以专业技术负责人身份向施工班组长和全体施工作业人员交底。

被交底人应认真讨论。交底人应及时解答被交底人提出的疑问。被交底人如果未能理解意图，不能执行交底的各项要求者不能参与施工。

交底活动的对象要明确。

应有计划、有组织地安排交底活动。开展交底活动时，交底资料应发至班组，参加交底活动的人员应有签到、有影像资料记录，在台账中记录清楚。

在交底活动中，应将施工中存在的危险和风险、应对危险的安全技术措施向施工作业人员交代清楚。

在交底活动中，应将关注的工艺、质量和安全问题重点交代清楚。

在交底活动中，应将需要控制的质量检验的要点交代清楚。

每个施工作业都应当参加技术交底活动，要他们知道施工安全、工程质量控制的重点。

安全技术交底应与安全技术培训教育区分开，避免将施工中的安全技术培训知识与安全技术交底混淆在一起。必须清楚交代施工中需要交代的重点。

危险作业和施工工艺复杂的作业，应当请有经验的老员工，甚至请专家进行交底。交代技术复杂和危险性较大施工的安全技术措施和工艺控制重点措施。

3）落实交底人和被交底人签字。

①交底完毕后，交底双方须签字确认，在台账中记录。

②建立《技术交底台账》，将交底活动的有关文件、签到表、照片、图片、交底现场记录等资料收集，按照时间顺序，逐一登录在台账中。

③技术交底台账应由工程技术部门建立、管理。台账应做到清晰、整洁，在检查时能随时说明交底的质量。

④已签字的交底文件按档案管理规定将记录移交给资料员归档。

实训时间安排见表5-5。

表 5-5 实训时间安排

模块	内容	学时	教学内容	教学方法
一	收集技术交底文件编写所需的资料和信息	5	1. 确认分项工程内容。 2. 获取涉及本分项工程的文件。 3. 汇总资料	教师讲授基本知识，引导学生完成任务
二	填写技术交底文件	15	1. 填写技术交底项目信息。 2. 编制有针对性的技术交底内容。 3. 审核交底文件	教师讲授基本知识，引导学生分工合作，以完成任务
三	进行技术交底	5	1. 确定交底人和被交底人的身份和角色。 2. 进行技术交底。 3. 落实交底人和被交底人签字	学生模拟现场，可不同组交叉完成任务

项目6 工程招标投标实训

通过实践,学生应具有工程招标投标的基本能力和在实际工作中能适应工程招标投标岗位的要求,具备相应的招标投标能力。

知识目标

学生对工程招标投标相关法律知识有进一步的认识,掌握工程施工招标与投标基本程序与内容。

能力目标

(1) 具备收集招标信息,结合投标企业条件遴选投标项目的能力。
(2) 具备组建投标机构的能力。
(3) 具备制定投标策略与投标方案的能力。
(4) 具备解读招标文件、分析招标文件的能力。
(5) 具备按照投标机构的人员分工,协调、组织编写投标文件的能力。
(6) 具备依据招标文件及设标策略的要求,审查投标文件的能力。

素质目标

(1) 培养学生具备工程招标投标法律意识、契约精神,增强专业及职业素养,提高学习能力。
(2) 帮助学生树立远大理想,将个人发展与国家社会发展结合起来;遵守工程师职业道德和工程管理相关法律法规,加强专业行为规范意识。

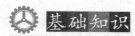

本部分理论知识只是实训学习的引导,详细知识的学习自行查阅相关资料。

6.1 招标投标相关基础知识

6.1.1 建设工程承发包的概念

工程承发包是指建筑企业(承包商)作为承包人(称乙方),建设单位(业主)作为发包人(称甲方),由甲方把建筑工程任务委托给乙方实施,且双方在平等互利的基础上签订工程合同,明确各自的责任、权利和义务,以保证工程任务在合同造价内按期、按质、按量地全面完成。它是一种经营方式。

工程发包有两种方式:招标发包与直接发包。《中华人民共和国建筑法》规定:"建筑工程依法实行招标发包,对不适于招标发包的可以直接发包。"建筑工程实行招标发包的,发包单位应当将建筑工程发包给依法中标的承包单位。建筑工程实行直接发包的,发包单位应当将建筑工程发包给具有相应资质条件的承包单位。政府及其所属部门不得滥用行政权力,限定发包单位将招标发包的建筑工程发包给指定的承包单位。

就发包方式而言,招标又可以分为公开招标和邀请招标。公开招标又称为无限竞争招标,它是由招标单位通过报刊、广播、电视、网络等方式发布招标公告,有意的承包人均可参加资格审查,审查合格的承包人可购买招标文件并参加投标的招标方式。邀请招标又称为有限竞争性招标,这种招标方式不发布广告,由业主根据自己的经验和所掌握的信息资料,向有承担该项工程相应能力的3个以上的承包人发出投标邀请书,收到邀请书的单位才有资格参加投标。

6.1.2 建设工程承发包的内容

工程项目承发包的内容,就是整个建设过程各个阶段的全部工作,可以分为工程项目的项目建议书、可行性研究、勘察设计、材料及设备的采购供应、建筑安装工程施工、生产准备和竣工验收及工程监理等阶段的工作。对一个承包单位来说,承包内容可以是建设过程的全部工作,也可以是某一阶段的全部或一部分工作。

6.1.3 建筑市场

建筑市场是进行建筑商品和相关要素交换的市场,由有形和无形建筑市场两部分构成。例如:建设工程交易中心即是有形市场,包括建设信息的收集与发布、办理工程报建手续、订立承发包合同、委托监理、质量、安全监督等。无形市场是在建设工程交易中心之外的各种交易活动及处理各种关系的场所。

建设工程交易中心是我国在改革中出现的使建筑市场有形化的管理方式。建设工程交易中心是服务性机构,不是政府管理部门,也不是政府授权的监督机构,本身并不具备监督管理职能。但建设工程交易中心又不是一般意义上的服务机构,其设立必须得到政府或政府授权的主管部门的批准,并非任何单位和个人可随意成立。它不以营利为目的,旨在为建立公开、公正、平等竞争的招标投标制度服务，只可按批准的收费标准收取一定的服务费用。同时，工程的交易行为不能在场外发生。

建筑市场的主体是指参与建设生产交易过程的各方，主要有业主（建设单位或发包人）、以承包商为代表的供应商等。这里的业主指的是既有某项工程建设需求，又具有该项工程的建设资金和各种证件批件，在建筑市场中发包工程项目建设任务，并最终得到建筑产品达到其投资目的的政府部门、企事业单位或个人。在建筑市场中属于购买方。在我国，业主也称为建设单位、发包方或招标人。这里的供应商是指以承包商为代表的有一定的生产加工能力、技术装备、流动资金，具有承包工程建设任务、提供商品或服务的营业资格，能够按照业主项目建设的要求，提供不同形态的产品并获得相应价款的企事业单位。在建筑市场中属于售卖方。

6.1.4 建设工程招标投标

建设工程招标投标是指以建筑产品作为商品进行交换的一种交易形式，它由唯一的买主设定标的，请若干个卖主通过秘密报价的方式进行竞争，买主从中选择优胜者并与之达成交易协议，随后按照协议实现工程项目的实施。建设工程招标，是指建设单位（业主）就拟建的工程发布通告，用法定方式吸引建筑项目的承包单位参加竞争，进而通过法定程序从中选择条件优越者来完成工程建设任务的一种法律行为。建设工程投标，是指经过特定审查而获得投标资格的建筑项目承包单位，按照招标文件的要求，在规定的时间内向招标单位填报投标书，争取中标的法律行为。

建设工程招标投标总的原则如下：

（1）合法性原则。包括主体资格、活动依据和程序、管理和监督都要合法。

（2）公开、公平、公正原则。包括招标投标活动的信息、条件、程序以及结果等所有涉及需要公开的内容，对所有参与投标的单位都要无差别的公开，不得歧视也不得偏袒任何一方。

（3）诚实信用原则。参与招标投标活动的各方，均应言行一致、实事求是、讲求信义、遵守承诺，这也是招标投标活动的重要道德规范。

建设工程招标投标总的特点如下：

（1）通过竞争机制，实行交易公开。

（2）鼓励竞争、防止垄断、优胜劣汰，实现投资效益。

（3）通过科学合理和规范化的监管机制与运作程序，可有效地杜绝不正之风，保证交易的公正和公平。

政府及公共采购领域通常推行强制性公开招标的方式来择优选择承包商和供应商。但由于各类建设工程招标投标的内容不尽相同，因而它们有不同的招标投标意图或侧重点，在具体操作上也有细微的差别，呈现出不同的特点。

现在，各行各业都在实施招标投标，不仅仅是在工程领域，在医药、电子、设备、工业等领域，招标公司、咨询公司如雨后春笋般遍地林立，具有招标投标专业知识和能力的人才供不应求，从事招标投标工作有着巨大的选择空间。

6.2 投标相关基础知识

投标是工程承包人获取工程项目最关键的一步。特别是工程施工项目，对施工企业来说，既要考虑中标，又要确保经济效益。编制投标文件也是工程投标过程最重要的一项工作。房屋建筑工程施工投标文件一般由三部分组成，即资格部分、商务部分和技术部分。

6.2.1 现场踏勘与投标预备会

投标人拿到招标文件之后，应进行全面、详尽的推敲和调查研究。如有疑问、不清楚的问题，特别是招标文件中容易引起歧义的表述，应及时请招标人予以解答或澄清。

投标人在现场踏勘之前，应针对招标文件中的合同范围或工作范围、专用条款的表述、设计图纸、招标项目的分包情况等拟订出踏勘大纲。到达现场后，需要重点了解施工场地的地形地貌、水文地质、气候、交通、水电供应以及施工区域有无障碍物等。

投标预备会，又称为答疑会、标前会议，是招标人澄清招标文件或针对投标人提出的疑问包括现场踏勘后提出的疑问进行的公开答疑或解释，旨在协助投标人深入理解招标项目并能够做出正确的投标决策。

6.2.2 招标文件分析

招标文件是投标人参加投标、编制投标文件的主要依据，投标人必须结合现场踏勘和已经获取的信息，认真细致地分析研究招标文件，特别是投标须知、合同专用条款、设计图纸、工作范围、特殊要求以及工程量表等。

6.2.3 投标文件编制

投标文件是对招标文件提出的诸如工期、质量、技术、招标范围等实质性要求和条件做出的单方面响应，一般不能有任何附加条件，否则可能会导致投标无效。投标文件也是评标委员会进行评审和比较的对象，并和招标文件一起成为中标人和招标人订立合同的法定依据。

投标文件的编制应使用招标文件提供的"投标文件格式"。表格不够的，可以按同样格式扩展。投标函附录里在满足招标文件实质性要求的基础上，可以提出比招标文件要求更能吸引招标人的承诺。投标文件应该按照招标文件的要求，在需要签字盖章的地方签字并加盖相应的印鉴。投标文件仅需要一份"正本"，"副本"数量应根据招标文件要求提供，应将"副本"和"正本"分别装订成册并使它们完全一致。

6.2.4 投标策略及报价技巧

投标策略是承包商为达到中标的目的在投标过程中所采用的手段和方法。投标报价时既要考虑自身的优势和劣势，又要结合招标工程项目的特点、类别、施工条件以及建设单位的特殊要求，同时还要考虑竞争对手的综合实力水平、竞争的激烈程度等，综合选择报价策略。比如，对于专业要求高的工程、工期紧张的工程、投标对手少的工程或支付条件比较苛刻的工程等，可以考虑提高报价；相反，对于竞争对手实力强大、竞争又激烈的工程，当该地区有面临工程结束且施工机械无工地转移的工程或急于进入某一地区开展业务时，可以考虑降低报价。

常用的报价策略有不平衡报价法、多方案报价法、突然降价法、无利润报价法等。

6.2.5 投标文件递交

投标人应当在招标文件规定的提交投标文件的截止时间前，将投标文件密封送达投标地点。

投标人在递交投标文件的同时应按招标文件的规定足额递交投标保证金,并作为投标文件的组成部分。投标保证金的有效期应与投标有效期保持一致,投标有效期是从投标截止时间起算的。投标文件的正副本应分开包装,加贴封条并清晰标记"正本""副本"字样,应在封口处加盖投标人单位印鉴。

6.3 开标、评标与定标

6.3.1 开标

开标就是招标人以会议的形式将所有投标人递交的投标文件启封揭晓,一般在招标文件中确定的提交投标文件截止时间的同一时间公开进行,开标地点也应当为招标文件中预先确定的地点。开标由招标人主持,邀请所有投标人参加,并按照招标文件中规定的流程进行。

> **小贴士**:投标人代表在开标记录上签字确认不是强制性要求;投标人对开标有异议,应当场提出;投标书一经启封,任何投标人都不得更改投标书的内容和报价,也不允许再增加优惠条件。

6.3.2 评标

评标是由招标代理与建设单位上级主管部门协商后,按照有关规定成立评标委员会,并在招标管理机构监督下,依据评标原则、评标方法和规定的程序,对投标单位在报价、工期、质量、施工方案、以往业绩、社会信誉、优惠条件等进行综合评估,择优选取中标单位的过程。

> **小贴士**:评标报告需由评标委员会全体成员签字,评标委员会成员对评标结果有异议又拒绝在评标报告上签字且不陈述其不同意见和理由的,视为同意评标结果;评标委员会经过评审,认为所有投标都不符合招标文件的要求,可以否决所有投标。

6.3.3 定标

招标人在收到评标报告之日起 3 日内公示中标候选人,公示期不得少于 3 日。投标人或其他有利害关系人对依法必须进行招标项目的评审结果有异议的,应当在中标候选人公示期间提出。

确定中标人后,招标人应向中标人发出中标通知书,并同时将中标结果通知所有未中标的投标人。

招标人和中标人应当在自中标通知书发出的 30 日内并在投标有效期内,按照招标文件和中标人的投标文件订立书面合同。合同的标的、价款、质量等主要条款应当与招标文件中的合同主要条款一致。

实 训

6.1 实训能力

教师讲授招标的原则和方法,编制投标书的支撑知识点。主要就一个招标投标项目实例进行实训教学。通过实训,学生应具备:
(1) 熟悉招标投标工作的程序。
(2) 掌握招标文件的编写技能。
(3) 掌握投标书的编写技能。
(4) 熟悉开标会议议程。
(5) 掌握评标办法。

6.2 实训项目选择

工程招标投标是一门综合了工程量清单编制、预算造价及分析、建筑法律法规在内的综合性课程。本次招标投标课程实训按两周时长设置,重点在于引导学生熟悉招标投标的流程、招标投标各个环节的要点,训练学生独立撰写招标公告、邀标书以及编制招标文件并根据招标文件编制商务标和技术标等能力。

鉴于实训时长的限制,用于招标投标实训的项目,可以优先选择借用工程量清单计价课程和工程预算课程的实训项目及成果。

学生在使用招标投标相关格式时,需查阅教材或其他规范材料中的招标投标格式并结合本招标投标实训项目的实际修改撰写。比如,投标函、投标函附录、法定代表人身份证明文件、授权委托书、投标保证金等。为方便评阅和与实际相结合,也可以由本实训指导教师根据学校所在地区的招标投标机构的操作惯例指定相关格式。

6.3 实训方法

1. 分组

根据班级学生人数,以 6~8 人为一组,要求每组完成一套完整的招标文件、投标书,且按招标文件要求参加各项投标、评标、定标活动。

具体方案:7 人一组,共 5 组。每组中 1 人为招标人,其余 6 人为投标人。另一组 7 人评标。分组可以教师指定,也可以自由组合,还可以通过抓阄形成。

招标人:编制招标文件,开标方案,评标过程记录,评标报告。

投标人:编制投标文件,评标过程记录。

2. 时间安排（表6-1）

表6-1 时间安排

周次	时间	任务内容
第一周	星期一	学生分组，布置工作任务，查阅相关资料
	星期二	熟悉工程背景，模拟资格预审
	星期三	编制招标文件
	星期四	完成招标文件并发售
	星期五	模拟参加招标答疑会
第二周	星期一	确定投标报价，编制商务标
	星期二	编制技术标及投标书的其他内容
	星期三	汇总投标书，规范密封并递交
	星期四	模拟评标、定标
	星期五	复盘讨论，撰写心得，整理并提交实训资料

3. 课程实训的成绩评定

按照下列的标准评定学生的课程实训成绩：

（1）优秀（95分）：按期圆满完成课程实训规定的任务，能熟练地综合运用所学理论和专业知识，独立工作能力较强，科学作风严谨，有自己的独到见解，水平较高。投标书条理清楚，论述充分，文字通顺，符合技术用语要求，符号统一，编号齐全，书写工整。投标书完备、整洁、正确，报价合理。

（2）良好（85分）：按期圆满完成课程实训规定的任务，能较好地运用所学理论和专业知识，有一定的独立工作能力，科学作风良好；一定的水平。投标书条理清楚，论述正确，文字通顺，符合技术用语要求，符号统一，编号齐全，书写工整。投标书完备、整洁、正确，报价基本合理。

（3）中（75分）：按期完成课程实训规定的任务，在运用所学理论和专业知识上基本正确，但在非主要内容上有欠缺和不足，有一定的独立工作能力，投标书水平一般。说明书文理通顺，但论述有个别错误（或表达不清楚），书写不够工整，有一定的独立工作能力。投标书条理清楚，论述正确，文字通顺，符合技术用语要求，符号统一，编号齐全，书写工整，报价合理性一般。

（4）及格（65分）：按期基本完成课程实训规定的任务，在运用所学理论和专业知识上基本正确，但在内容上有明显的欠缺和不足，投标书水平一般。说明有错误（或表达不清楚），书写不够工整，有一定的独立工作能力。

（5）不及格（45分）：未按期完成任务书规定的任务，或基本概念和基本技能未掌握，在运用理论和专业知识中出现不应有的原则错误。在整个投标书编制工作中独立工作能力差，未达到最基本要求。投标书条理不清，书写潦草，质量很差，或有原则性错误。实训过程中有相互抄袭行为的。

4. 课程实训的文档要求

学生完成本课程实训，应提交的实训资料应包括以下内容：
（1）本实训课程项目的资格预审文件、招标文件每小组各1份；
（2）本实训课程项目的投标文件和评标报告每人各1份；
（3）撰写不少于1 000字的实训心得每人1份；
（4）以上资料的电子版文件1份。

5. 注意事项

（1）实训过程力求与实际情况保持一致，尽可能采用现实工程实例，各类范本应采用全国最新范本形式。

（2）保证学生分组成员在实训过程中任务的均衡性，通过教师平时的检查督促和最后的成绩评定，培养学生的独立工作能力。

（3）按照招标投标工作的特点，树立学生的保密意识，从另一个角度，也可以避免抄袭的可能性。

（4）提供相应的计算机软、硬设备，鼓励学生使用各类工程软件完成招标投标任务。

（5）教师保证实训过程中的指导时间，加强考勤力度，保证学生的实训时间。

6. 实训操作程序及要点

模块1 招标文件编制

1. 任务说明

（1）工程报建。
（2）招标备案。
（3）选择招标方式。
（4）编制资格预审文件。
（5）编制招标文件。

2. 操作过程

（1）工程报建。建设单位到建设行政主管部门或其授权机构领取《工程建设项目报建表》，并按要求认真填写。《工程建设项目报建表》经建设单位上级主管部门批准同意后，报送建设行政主管部门，按要求进行招标准备。

凡未经报建的工程建设项目，不得办理招标投标手续和发放施工许可证。

（2）招标备案。招标人自行办理招标的，招标人在发布招标公告或投标邀请书5日前，应向建设行政主管部门办理招标备案。

（3）选择招标方式。根据工程特点和招标人的管理能力确定发包范围、招标的工作内容以及合同的计价方式并最终确定招标方式。

（4）编制资格预审文件。采用公开招标的工程项目，招标人参照"资格预审文件范本"结合招标项目的实际编写资格预审文件。

（5）编制招标文件。招标文件是招标机构负责拟订的供招标人进行招标、投标人据以投标的成套文件，也是签订合同的重要依据。招标文件应当包括招标项目的技术要求、对投标人资格审查的标准、投标报价的要求和评标标准等所有实质性要求和条件，以及拟签订合同的主要条款。工程量清单直接使用工程量清单计价课程实训的清单。

具体参见《中华人民共和国房屋建筑和市政工程标准施工招标文件（2010年版）》，结合招标项目的实际编写招标文件。

模块 2 获取招标文件，参加现场踏勘、投标预备会

1. 任务说明

（1）投标报名。

（2）获取招标文件。

（3）参加现场踏勘。

（4）参加投标预备会。

2. 操作过程

（1）投标报名。

（2）获取招标文件。

方案一：在线获取。

方案二：现场获取。方案二适用于没有电子招标投标项目管理平台的情况。

投标人按照资审结果通知或招标公告的要求，准备相关证件资料。

1）企业、人员证件资料（如果招标公告或资审结果通知有要求）。

2）填写授权委托书。市场经理填写授权委托书，注意：填写完成后，必须盖章才能生效。

市场经理根据授权委托书所需的印章类型，填写资金、用章审批表，提交项目经理进行审批，项目经理审批通过后，将市场经理申请的印章交给市场经理；市场经理拿到印章后，在授权委托书上盖章、签字。

3）准备资金。市场经理根据招标公告或资审结果通知上购买招标文件的资金要求，填写资金、用章审批表，提交项目经理进行审批；项目经理审批通过后，将市场经理申请的资金数量交给市场经理。

4）投标人自检。市场经理将招标公告中有关携带资料的要求，填写到携带资料清单表，并将所准备的相关资料内容（如授权委托书、资金等），一同提交项目经理进行审批，项目经理审批通过后，将市场经理准备的相关资料归还给他，留下携带资料清单表交至投标人区域的活动检视区。

> **小贴士**：投标人在进行投标报名、购买招标文件时，需要仔细阅读招标公告或资审结果通知的要求，严格按照招标公告或资审结果通知的内容准备相关证件资料；在实际工作中，投标人企业在投标报名和购买文件时，因为没有仔细阅读招标公告（或资审结果通知）和检查携带资料是否齐全，经常丢三落四，从而导致往返企业和购买场所多次。
>
> 本工程招标投标实训教材在此增加投标人自检环节，意在培养学生养成一种良好的工作习惯，即在参加招标人组织的各类活动时，提前检查一下自己需要携带的资料是否齐全。

5）获取招标文件。招标人（或招标代理）现场发售招标文件；投标人（或被授权人）携带相关资料，在招标公告或资审结果通知规定的时间和地点，购买招标文件。

（3）参加现场踏勘。投标人根据所获得的招标文件中"投标须知"规定的时间参加由招标人组织的施工现场自费考察活动，实地了解工程项目的现场条件、自然条件、施工条件以及周围环境条件，以便正确编制投标文件，确定投标策略。如有疑问，应在投标预备会前以书面形式向招标人提出。

（4）参加投标预备会。投标人根据所获得的招标文件中规定的时间和地点参加由招标人主持召开的投标预备会，即标前会议或答疑会。招标人在答疑会上当面解答投标人提出的关于招标文件和现场踏勘时提出的疑问。

答疑会结束后,招标人以书面的答疑纪要将所有问题及问题的解答向所有获得招标文件的投标单位发放。答疑纪要作为招标文件的组成部分,若其内容与已发放的招标文件有不一致之处,以答疑纪要的解答为准。

模块 3　投标文件编制

1. 任务说明

(1) 分析招标文件。

(2) 技术标编制。

(3) 校核招标文件中的工程量清单。

(4) 测算综合单价。

(5) 合理决策并确定投标报价。

2. 操作过程

(1) 分析招标文件。重点是对招标文件的实质性要求的分析与深度研究,特别是对中标后项目的实施可能存在的潜在风险的防范措施。仔细审查施工图纸,调查、研究、分析建设地区条件,工程特点及施工条件。

(2) 技术标编制。技术标由投标人的技术负责人主持编写,旨在展示投标人的技术实力和经验,突出重点和自身的优势、长处,其核心目的在于争取中标。尽可能地采用文字、图表、图片等,图文并茂的形式,向招标人展示投标人拟在该投标项目上配置的管理人员和技术人员的资历、过往类似项目的业绩证明以及企业的资信证明等,形象地说明施工方法、拟投入的劳动力和设备情况。如果工期较长,还应根据项目进展,考虑冬、雨期施工措施,离居民区较近的项目,还应考虑降噪扰民等措施,主要从以下几个方面考虑。

1) 拟投入该项目的管理人员和技术人员的资历。

2) 过往类似项目的业绩证明文件。

3) 投标企业的资信证明文件。

4) 工程概况。

5) 施工部署。

6) 施工现场平面布置图。

7) 施工方案。

8) 施工技术措施。

9) 施工组织及施工进度计划,包括施工段划分、施工进度网络图、主要工序及劳动力安排计划、施工管理机构组成等。

10) 施工机械设备配置情况。

11) 质量保证措施。

12) 工期保证措施。

13) 安全施工措施。

14) 文明施工措施。

15) 冬雨期施工措施。

16) 环境保护和降噪措施等。

(3) 校核招标文件中的工程量清单。作为招标文件组成部分的工程量清单,由招标人提供。招标人对其完整性和准确性负责。工程量的多少是投标报价最直接的依据,也是所有投标人竞争的共同平台。投标人一方面可以根据复核后的工程量与招标文件提供的工程量之间的量差,考虑相应的投标策略,决定报价尺度,另一方面也可以根据工程量的大小采取合理的施工方法,选择经济的机具投入和劳动力数量。

在复核清单工程量时，投标人要力争计算正确，避免重复和漏算。当发现工程量清单中的工程量有遗漏或错误时，投标人不可以擅自修改工程量清单。投标人可以向招标人提出，由招标人审查后统一修改，并把修改情况通知所有的投标人，也可以利用招标人的该项失误，运用一些报价技巧争取中标并获利。

（4）测算综合单价。投标报价之前，投标人需要通过各种渠道，对工程所需各种材料、施工机具设备以及劳动力价格、供应情况等进行系统调查，获得最真实的生产资料价格。如果有分包的项目，还需要对分包商询价。询价的对象可以是生产厂家、销售商等，也可以借助网络或自行到市场调研询价。注意，对于大宗材料、分包等报价时，可以通过采购意向合同，锁定价格。比如钢结构项目等。

在测算综合单价时，应考虑招标文件中要求投标人承担的风险费用。招标工程量清单中提供的暂估单价的材料和工程设备，只能按暂估单价计入综合单价，不得改动。

对于工程量清单中其他项目费的暂列金额、专业工程暂估价，在投标报价时，只能按照招标工程量清单中列出的金额填写，不得变动。计日工应按招标工程量清单中列出的项目和数量，可以自主确定综合单价并计算计日工综合。该项综合单价可以根据数量情况适当报高一些。总承包服务费应根据招标工程量清单中列出的内容和提出的要求，自主确定。

（5）合理决策并确定投标报价。根据前述的市场调研、招标文件分析、招标清单工程量校核等过程中获得的信息，合理运用投标报价技巧，按照综合单价的构成自主确定综合单价及投标报价。投标报价的编制至少应包括以下几项内容：

1）投标报价封面及总说明的编制，包括工程概况、编制依据及其他需要说明的事项；

2）投标报价汇总表；

3）投标报价构成，包括分部分项工程清单与计价表、综合单价分析表、人材机价格表等。注意，综合单价中的材料和机械的价格必须是不含税的价格。

在编制完投标报价以后，要对错漏项、算术性错误、不平衡报价、明显差异单价的合理性以及措施费用等进行审查、分析与复核，包括对单方造价的审核，以保证投标报价的准确、合理。

模块4　投标文件封装、递交

1. 任务说明

（1）投标文件的装订与签署。

（2）投标文件的审查。

（3）投标文件的密封。

（4）投标文件的递交。

2. 操作过程

（1）投标文件的装订与签署。投标文件的排版与打印，要严格按照招标文件的要求执行。招标文件没有具体要求的，应注意以下几个原则：

1）投标文件应内容齐全、图文清晰，表达准确、无歧义。

2）投标文件的正、副本应分别装订成册，封面上应标记"正本""副本"字样。正本只需要一份。

3）投标文件的技术标与商务标一般应分开装订成册，同时应按顺序逐页连续标注页码并编制目录，封面和目录不用标注页码。

4）商务标一般按照以下顺序：

①投标承诺书。
②投标函。
③投标保证金。
④授权委托书及法人身份证明文件。
⑤投标标书综合说明，包括注明的竞争措施和优惠条件。
⑥投标标书汇总表，即投标函附录 A。
⑦投标函附录 B。
⑧投标总价及明细，包括分部分项工程和单价措施项目清单与计价表、综合单价分析表等支撑投标总价的所有数据信息。

投标文件签署的时候，也应严格按照招标文件的要求签署，并应注意以下几个方面：

1）投标函及投标函附录、已标价工程量清单（或投标报价表、投标报价文件）等内容均应签署。

2）投标文件应由投标人的法人或其授权代表签署的，应按招标文件的规定加盖投标人单位印章。

3）投标文件应尽量避免涂改、行间插字或删除。所有改动之处，均应加盖单位公章或单位法人（或其授权的代理人）签字确认。

4）招标文件要求加盖投标单位法人公章的，不能以投标人下属部门、分支机构印章或合同章、招标投标专用章等代替。

（2）投标文件的审查。投标文件在正式密封之前，投标小组应仔细审查标书文件，查漏补缺。除审查投标文件的内容外，还要重点审查以下几个方面：

1）投标文件格式方面。审查投标文件是否严格按照招标文件提供的格式或要求编制；凡是招标文件要求填写的内容是否全部填写；对实质性项目或数字是否填写准确。

2）投标文件打印成稿方面。审查文本编排细节以及装订是否整齐、规范；附件资料是否齐全；扫描件是否清晰且无涂改。

3）印鉴及签署方面。审查印鉴使用及签署是否符合招标文件的要求，有无错漏；是否有模糊不清的地方。投标文件中需要签署的日期，要注意日期的前后对应，避免因投标人粗心导致废标。

4）前后是否一致方面。审查投标文件是否有前后矛盾之处。如标书前后数量不符，公司名称与公章不一致等。

（3）投标文件的密封。投标文件经审查无误后，投标人即可对包装好的投标文件进行密封。招标文件有要求的，严格按照招标文件的要求密封。采用电子招标投标的，投标人应按招标文件和电子招标投标交易平台的要求编制并加密投标文件。

（4）投标文件的递交。投标人应当在招标文件规定的投标截止时间前，将投标文件密封送达指定地点。投标文件递交最佳方式是自行或委托代理人直接送达，并获得签收回执。注意，以邮寄方式提交的，投标文件的提交时间是以招标人实际收到投标文件的时间为准；利用电子信息手段进行电子招标投标的，投标人应当在投标截止时间前完成电子投标文件的传输提交。

模块 5 开标、评标与定标

1. 任务说明

（1）开标组织。
（2）开标的主要内容。
（3）评标与定标。

2. 操作过程

(1) 开标组织。开标由招标人主持。在本实训中,可由B组的7人组成评标委员会,开、评A组的6个标,并依次交叉完成全部组别的开、评标工作。由B组编制招标文件的招标人主持,B组的6位投标人和招标人一起成为A组标的评委,共同评标、撰写评标报告并签字。

(2) 开标的主要内容。

1) 投标文件密封情况检查。检查可由投标人或其推选的代表当众进行。

2) 拆封。招标人或其工作人员当众拆封所有的投标文件。

3) 唱标。招标人当众宣读投标人名称、投标价格金额、投标文件的其他主要内容。

4) 记录并存档。招标人或其工作人员应当现场制作开标记录,记载开标的时间、地点、参与人、唱标内容等情况,并由参加开标的投标代表签字确认。开标记录作为评标报告的组成部分存档备查。

(3) 评标与定标。评标委员会成员应当遵循公平、公正、科学、择优的原则,认真研究招标文件,根据招标文件规定的评标标准和办法,对投标文件进行系统的评审与比较。评标过程中发现的问题,应当及时向招标人提出并给予处理建议。对投标文件中含义不明确、同类问题表述前后不一致、有明显错漏、存有歧义或明显低于正常价格等可能影响后续正常履约的,应当形成书面纪要,请投标人做必要的澄清、说明。

评标专家应当认真、公正、诚实、廉洁地履行专家职责,严格遵守评标纪律。

评标时,应将商务标和技术标分开评阅。评审、澄清、补正完成后,评标委员会根据得分高低,推荐不超过3个中标候选人并标明排序。

评标完成后,评标委员会应当向招标人提交书面评标报告,简要汇报评标的基本情况和相关的数据表,包括评标委员会成员名单、开标记录、评审一览表、经评审的投标人排序和推荐的中标候选人等,以及澄清、说明、补正等事项的纪要。

最后,由招标人根据评标委员会的评标报告,在推荐的中标候选人中确定中标人并进行中标候选人公示。公示期满后,招标人向中标人发出中标通知书。

附 件

广联达工程招标投标沙盘模拟综合实训简介

1. 沙盘概述

广联达的工程招标投标模拟沙盘,是结合工程项目招标投标实际业务及高校招标投标实训教学业务而开发的实训教学产品,主要包含沙盘盘面、实物道具、过程单据、任务卡片等,岗位分配为4个角色:项目经理、技术经理、商务经理、市场经理,既能模拟招标人业务,也能模拟投标人业务,并能实现资格预审和资格后审等多种方式的招标投标模拟(图6-1)。

图 6-1 广联达工程招标模拟沙盘

沙盘模拟将招标业务、投标业务工作体现在盘面上,并将招标策划、业务工作、资格预审文件、招标文件、资格申请文件、投标文件中需要进行分析和决策的点全部抽离,团队在每个环节都要进行研究和分析,最终决策确定方案(图6-2)。

图 6-2 建筑工程招标投标综合模拟实训系统

2. 沙盘操作

通过沙盘模拟,将招标投标业务流程模拟分为7个阶段,在每个阶段均通过任务清单进行统一梳理和管理，按照顺序将每个阶段的任务完成，在每个阶段都有相应的道具和任务单据一步步将阶段任务完成，在每个阶段都有需要学生团队分析、决策的任务点，团队成员之间需要根据项目情况和要求，讨论、分析、决策，形成方案，并将决策方案填写入各个单据，放到盘面上，并通过沙盘执行分析软件进行业务要点填写，在各标书编制软件中填写所决策的标书内容，逐步完成整个沙盘的操作学习（图6-3）。

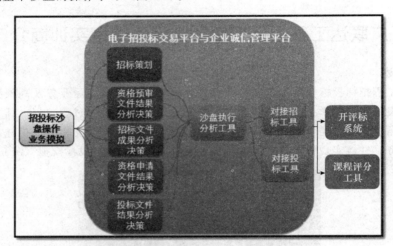

图 6-3　招标投标沙盘操作业务模拟

（1）企业备案阶段。企业备案阶段任务清单见表6-2。

表 6-2　企业备案阶段任务清单

序号	任务清单	完成请打"√"	
		使用单据/表/工具	完成情况
一	企业备案阶段	—	☐
1	招标人企业证件完善	—	☐
2	招标人企业证件完善	—	☐
3	招标人诚信备案：基本信息	诚信管理系统	☐
4	招标人诚信备案：企业资质	诚信管理系统	☐
5	招标人诚信备案：企业人员	诚信管理系统	☐
6	投标人诚信备案：基本信息	诚信管理系统	☐
7	投标人诚信备案：企业资质	诚信管理系统	☐
8	投标人诚信备案：企业人员（建造师）	诚信管理系统	☐
9	投标人诚信备案：安全生产许可证	诚信管理系统	☐

根据企业情况确定所拟投标企业相关资料，填入相关资料道具，放入盘面相应位置，并可配合电子招标投标系统在诚信管理系统对企业信息进行备案，填写正确后通过审批，才能正常参与后期的项目投标。

通过小组完成企业相关资料和手续的备案审批后，学生们可以了解企业在本地首次投标前需要进行的相关手续和要求，并初步掌握招标方、代理方、投标方企业不同的要求以及在资格方面具体有哪些方面在后期投标时会用到，标准是什么。

(2) 招标策划阶段（表6-3）。

表6-3 招标策划阶段任务清单

序号	任务清单	完成后请打"√"	
		使用单据/表/工具	完成情况
二	招标策划阶段		□
1	招标人确定工程项目符合招标条件	项目招标条件分析表	□
2	招标人确定工程项目招标方式	项目招标方式确认表	□
3	招标人编制工程项目招标计划		□
4	项目登记	电子招标投标项目交易平台	□
5	招标人初步发包方案	电子招标投标项目交易平台	□
6	招标人自行招标备案/委托招标备案	电子招标投标项目交易平台	□

小组成员通过分析讨论，确定项目招标条件是否符合要求，根据项目特点确定项目招标方式（资格预审、资格后审），并根据要求和说明制定该项目的招标工作计划，主要是完成项目在整个招标、投标工程中每个环节工作的时间计划安排，并且满足国家相关法律法规的要求（表6-4）。

表6-4 各环节工作时间计划安排

工程名称					
序号	工作项	开始日期	结束日期	工作周期	日历
1	发布资格题审公告/发布招标公告				
2	潜在投标人报名				
3	发售招标文件、领取施工图纸				
4	现场踏勘				
5	投标预备会				
6	投标申请人对招标文件提出疑问				
7	招标人对招标文件发布澄清或修改				
8	招标人预约开标室				
9	招标人申请评标专家				
10	提交投标保证金				
11	提交投标文件				
12	开标				
13	评标				
14	中标公示				
15	中标通知				
16	签订合同				
17	招标结具备案				

通过招标策划的制定，学生可学习掌握国家相关法律法规（招标投标法、招标投标法实施条例）的内容及要求，并学习资格预审、资格后审等方式招标的不同工作内容进行时间安排，在前期从整体上对招标投标业务流程和项目策划有整体的了解，并学习相关内容，也为后面各环节的实训打下初步知识基础（图6-4）。

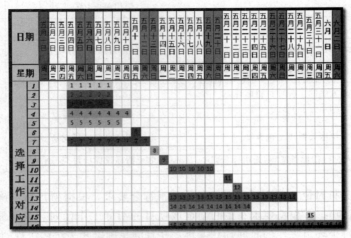

图6-4 各环节工作时间安排

（3）资格预审阶段（如采用资格预审）。在资格预审阶段，完成沙盘资格预审阶段的工作，包括编制资格预审文件、资格申请文件、资格预审阶段业务工作、组织资格评审等。

根据不同项目确定对投标申请人的门槛设计，包括资质、业绩、人员，以及资格评审办法等，沙盘操作结束后，将决策结果结合标书编制软件形成资格预审文件，学习资格预审文件的内容与编制方法（表6-5）。

根据资格预审文件要求，进行资格预审申请文件各要素分析、讨论，并形成小组结论，完成沙盘操作任务，并将结果输入资格申请文件编制软件，生成资格预审文件。

表6-5 管理人员资格条件

组别			管理人员资格条件				日期：	
序号	1		2	3	4	5	6	备注
条件设置	项目负责人执业资格		职称等级	学历	安全生产考核合格证	岗位证书	数量/人	
内容	□建筑工程专业	□一级建造师	□高级	□硕士	□主要负责人（A证）			
	□市政公用工程专业	□二级建造师	□中级	□本科	□项目负责人（B证）			
	□机电工程专业		□初级	□专科	□专职负责人（C证）			
	□		□不要求	□				
填表人：			审批人：					

通过学习如何根据资格预审文件要求,对资格预审申请文件各要素进行分析、讨论,并形成小组结论,确定投标人资质、人员、业绩、财务、机械等内容,完成沙盘操作任务,并将结果输入资格申请文件编制软件,生成资格预审申请文件审查表(表6-6)。

根据资格预审文件模拟学习对资格申请文件的评审,深入分析、掌握本阶段的知识要点,对问题进行分析,对错误进行纠正等。

表6-6 资格预审申请文件审查表

组别		资格预审申请文件审查表			日期:	
工程名称:						
序号		审查内容	完成情况	需调整内容	责任人	备注
1		初步审查	☐			
2		详细审查	☐			
3	评分制	财务状况	☐			
		项目经理	☐			
		类似项目业绩	☐			
		认证体系	☐			
		信誉	☐			
		拟投入的生产资源	☐			
4		其他内容	☐			
填表人:			审批人:			

(4)招标阶段(表6-7)。通过任务清单,依次完成招标文件各部分内容,学生清晰掌握招标文件的组成部分、内容要素、编制方法,并可以根据不同项目确定对投标人合同条款、工程量清单报价、技术标等核心内容的要求及标准,学习清单编制方案、合同条款确定原则及决策方法、评标办法如何制订等,并与招标文件编制工具结合形成正式的招标文件(表6-8和表6-9)。

表6-7 招标阶段任务清单

序号	任务清单	完成请打"√"		完成情况
		使用单据/表/工具		
四	招标阶段			☐
(一)	招标文件编制			☐
1	招标人确定合同文件的组成及优先顺序	合同文件组成及优先顺序分析表		☐
2	招标人确定工程量清单的修正规则	工程量清单错误修正		☐
3	招标人确定支付担保与履约担保的规则	担保约定		☐
4	招标人确定有关工程分包的相关规定	工程分包管理规定		☐

续表

序号	任务清单	完成请打"√"	
		使用单据/表/工具	完成情况
5	招标人确定安全文明施工的相关规定	安全文明施工	□
6	招标人确定工期/进度的相关规定	工期与进度	□
7	招标人确定有关价格调整的相关规定	价格调整	□
8	招标人确定工程款项支付的相关规定	合同预付款与工程进度款支付	□
9	招标人确定工程缺陷责任期的相关规定	缺陷责任期	□
10	招标人确定工程保修的相关规定	工程保修	□
11	招标人确定图纸及施工文件的相关规定	文件管理	□
12	招标人确定工程质量标准/工程验收的相关规定	工程质量	□

表 6-8　价格调整

组别：		价格调整		日期：	
序号	内容	选项			备注
1	市场价格波动是否调整合同价格	□调整		□不调整	
2	因市场价格波动调整合同价格，采用以下第____种方式对合同价格进行调整	□第一种		□第二种	与2013版合同对应
3	关于各可调因子、定值和变值权重，以及基本价格指数及其来源的约定				
4	关于基准价格的约定				
5	涨幅超过____%，其超过部分据实调整	□5		□10	
6	跌幅超过____%，其超过部分据实调整	□5		□10	
填表人：			审批人：		

表 6-9　技术标评审办法

组别：		技术标评审办法					日期：	
序号	1	2			3			备注
项目名称	技术标评审方式	施工组织设计评分标准			项目管理机构评分标准			
		评分内容	合格制	评分制	评分内容	合格制	评分制	

续表

组别:			技术标评审办法				日期:	
内容	☐明标	内容完整性和编制水平	☐合格	☐	分	项目经理资格与业绩	☐合格	☐ 分
	☐暗标	施工方案与技术措施	☐合格	☐	分	技术负责人资格与业绩	☐合格	☐ 分
	☐不要求	质量管理体系与措施	☐合格	☐	分	其他主要人员	☐合格	☐ 分
		安全管理体系与措施	☐合格	☐	分	施工设备	☐合格	☐ 分
		环保管理体系与措施	☐合格	☐	分	试验、检测仪器设备	☐合格	☐ 分
		工程进度计划与措施	☐合格	☐	分			
		资源配备计划	☐合格	☐	分			
填表人:						审批人:		

通过沙盘模拟发布招标公报的流程与工作,以及投标报名、现场踏勘、投标答疑等,并对工程量清单进行工程量核对,掌握如何从招标文件中分析重点,以便更好地编制投标文件(表6-10和表6-11)。

表6-10 招标公告、投标报告

(二)	招标公告、投标报名		☐
1	招标人发布招标公告	电子招标投标项目交易平台	☐
2	招标人发售招标文件/施工图纸	电子招标投标项目交易平台/工程___领取登记表	☐
3	投标人投标报名/购买招标文件/获取施工图纸	电子招标投标项目交易平台/携带资料清单表	☐
4	现场踏勘	签到表/携带资料清单表	☐
5	投标人对施工场区进行分析	施工场区环境分析表	☐
6	投标人对工程量清单进行复核	工程量清单复核表	☐
7	投标人对招标文件重点内容进行分析	招标文件分析表	☐
8	投标预备会	携带资料清单表/签到表/质疑书/招标文件澄清、答疑书	☐

表6-11 施工场区环境分析表

组别：	施工场区环境分析表		日期：
项目名称	周围环境	现场条件	备注
具体内容	□高压线	□场区内道路交通情况	
	□加油站	□现场水源及排污情况	
	□特殊机构（医院、学校、消防等）	□现场电源情况	
	□重点文物保护	□场区平整情况	
	□周边道路交通情况	□现场通信情况	
	□地下障碍物及特殊保护	□建筑物结构及现状（改造工程）	
	□周边建筑物情况		
填表人：		审批人：	

（5）投标阶段（表6-12）。通过任务清单，依次完成投标文件各部分内容，学生清晰掌握投标文件的组成部分、内容要素、编制方法及投标过程业务工作，掌握投标报价策略的运用以及施工组织设计理念知识，以及如何利用软件将几部分整合至一起，形成最终的投标文件。

表6-12 投标阶段任务清单

序号	任务清单	完成后请打"√"	
		使用单据/表/工具	完成情况
五	投标阶段		□
（一）	投标阶段编制		□
1	投标人确定施工方案		□
2	投标人对招标文件进行响应	招标文件响应表	□
3	投标人制定施工进度计划		□
4	投标人完成施工平面布置图		□
5	投标人对中标价进行预估	中标价预估表	□
6	投标人确定投标报价策略		□
7	投标人编制投标报价	计价软件	□
8	投标人完成资信标的编制	投标工具	□
9	投标人准备投标保证金		□
10	投标人完成投标文件的编制	投标工具	□
11	投标人对投标文件自检合格	投标文件审查表	□

技术标施工组织设计方案决策，了解相关施工方案，并根据项目不同选择不同的施工方案。现举例如下：

［19］中华人民共和国住房和城乡建设部．GB/T 50326—2017 建设工程项目管理规范［S］．北京：中国建筑工业出版社，2017．
［20］中华人民共和国住房和城乡建设部．GB/T 50502—2009 建筑施工组织设计规范［S］．北京：中国建筑工业出版社，2009．
［21］危道军．建筑施工组织［M］．5版．北京：中国建筑工业出版社，2022．
［22］全国一级建造师执业资格考试用书编写委员会．建设工程项目管理［M］．北京：中国建筑工业出版社，2023．
［23］全国二级建造师执业资格考试用书编写委员会．建设工程施工管理［M］．北京：中国建筑工业出版社，2022．
［24］全国二级建造师执业资格考试用书编写委员会．建筑工程管理与实务［M］．北京：中国建筑工业出版社，2022．
［25］危道军．施工员岗位知识与专业技能（土建方向）［M］．3版．北京：中国建筑工业出版社，2023．

参 考 文 献

[1] 朱剑萍. 建筑识图与构造 [M]. 北京：机械工业出版社, 2015.
[2] 中华人民共和国国家标准. GB/T 50104—2010 建筑制图标准 [S]. 北京：中国建筑工业出版社, 2011.
[3] 中华人民共和国住房和城乡建设部, 中华人民共和国国家质量监督检验检疫总局. GB/T 50105—2010 建筑结构制图标准 [S]. 北京：中国建筑工业出版社, 2010.
[4] 中华人民共和国住房和城乡建设部. 22G101-1 混凝土结构施工图平面整体表示方法制图规则和构造详图（现浇混凝土框架、剪力墙、梁、板）[S]. 北京：中国计划出版社, 2022.
[5] 中华人民共和国国家标准. 22G101-2 混凝土结构施工图平面整体表示方法制图规则和构造详图（现浇混凝土板式楼梯）[S]. 北京：中国计划出版社, 2022.
[6] 中华人民共和国住房和城乡建设部. 22G101-3 混凝土结构施工图平面整体表示方法制图规则和构造详图（独立基础、条形基础、筏形基础、桩基础）[S]. 北京：中国计划出版社, 2022.
[7] 魏鸿汉. 建筑材料 [M]. 6版. 北京：中国建筑工业出版社, 2021.
[8] 赵华玮. 建筑材料应用与检测 [M]. 北京：中国建筑工业出版社, 2011.
[9] 中华人民共和国国家市场监督管理总局, 中华人民共和国国家标准化管理委员会. GB 175—2007 通用硅酸盐水泥 [S]. 北京：中国标准出版社, 2018.
[10] 中华人民共和国国家质量监督检验检疫总局, 中华人民共和国国家标准化管理委员会. GB/T 1346—2011 水泥标准稠度用水量、凝结时间、安定性检验方法 [S]. 北京：中国标准出版社, 2012.
[11] 中华人民共和国国家市场监督管理总局, 中华人民共和国国家标准化管理委员会. GB/T 17671—2021 水泥胶砂强度检验方法（ISO法）[S]. 北京：中国标准出版社, 2021.
[12] 中华人民共和国国家市场监督管理总局, 中华人民共和国国家标准化管理委员会. GB/T 14684—2022 建设用砂 [S]. 北京：中国标准出版社, 2022.
[13] 中华人民共和国住房和城乡建设部. GB/T 50080—2016 普通混凝土拌合物性能试验方法标准 [S]. 北京：中国建筑工业出版社, 2017.
[14] 中华人民共和国住房和城乡建设部, 中华人民共和国国家市场监督管理总局. GB/T 50081—2019 混凝土物理力学性能试验方法标准 [S]. 北京：中国建筑工业出版社, 2019.
[15] 中华人民共和国住房和城乡建设部. GB/T 50107—2010 混凝土强度检验评定标准 [S]. 北京：中国建筑工业出版社, 2010.
[16] 中华人民共和国住房和城乡建设部. JGJ/T 70—2009 建筑砂浆基本性能试验方法标准 [S]. 北京：中国建筑工业出版社, 2009.
[17] 中华人民共和国国家市场监督管理总局, 中华人民共和国国家标准化管理委员会. GB/T 228.1—2021 金属材料 拉伸试验 第1部分：室温试验方法 [S]. 北京：中国标准出版社, 2021.
[18] 中华人民共和国国家质量监督检验检疫总局, 中华人民共和国国家标准化管理委员会. GB/T 232—2010 金属材料 弯曲试验方法 [S]. 北京：中国标准出版社, 2011.

续表

建设单位			单位性质	
发包方式				
银行资信证明				
工程筹建情况：			建设行政主管部门批准意见： 批复单位（公章） 　　　年　月　日	
报建单位：（盖章）				
法定代表人：		经办人：	联系电话：	
填报日期：　　　年　月　日				
说明：本表一式三份，批复后，审批单位、建设单位、工程所在地建设行政主管部门各一份				

表 6-14　定标阶段任务清单

序号	任务清单	完成后请打"√"	
		使用单据/表/工具	完成情况
七	定标阶段		☐
(一)	定标		☐
1	招标人确定中标人/中标公示	电子招标投标项目交易平台	☐
2	招标人发放中标通知书	中标通知书	☐
(二)	合同签订		☐
1	合同谈判	合同谈判表	☐
2	签订合同	合同协议书	☐
(三)	招标投标收尾		☐
1	招标人进行招标结果备案	电子招标投标项目交易平台	☐
2	招标人退还投标保证金	投标保证金退还登记表	☐

3．参考资料

(1)《中华人民共和国招标投标法》《评标委员会和评标方法暂行规定》《××省房屋建筑和市政基础设施工程量清单招标投标报价评审试行办法》。

(2)《建设工程工程量清单计价规范》(GB 50500—2013)和××省定额、国家相关技术规范。

(3)《工程建设项目报建表》(表 6-15)。

(4)《房屋建筑和市政工程标准施工招标资格预审文件(2010 年版)》。

(5)《房屋建筑和市政工程标准施工招标文件(2010 年版)》。

(6)《建设工程招标投标与合同管理》(第 2 版)，胡六星、陆婷主编，清华大学出版社，2023 年 6 月。

(7)《建设工程招标投标与合同管理》(第 2 版)，王晓主编，北京理工大学出版社，2017 年 4 月。

表 6-15　工程建设项目报建表

	建设单位		单位性质	
	工程名称		工程监理单位	
	工程地址		建设用地批准文件	
	投资总额		当年投资	
	资金来源构成	政府投资：＿＿％；自筹：＿＿％；贷款：＿＿％；外资：＿＿％		
批准资质	立项文件名称			
	文号			
	投资许可证文号			
	工程规模			
	计划开工日期	＿＿年＿月＿日	计划竣工日期	＿＿年＿月＿日

机械挖土施工方案

一、主要机具

(1) 挖土机械:挖土机、推土机、铲运机、自卸汽车等。

(2) 其他:测量仪器、铁锹、手推车、小白线或20号钢丝、钢卷尺、坡度尺等。

二、施工准备

(1) 土方开挖前,应编制对应的专项施工方案。

(2) 将施工区域内的障碍物清除和处理完毕。

(3) 定位控制线、水准基点及开槽的灰线尺寸,必须验收合格。

(4) 做好夜间施工各项保障措施,做好有效降、排水措施。

(5) 合理选择土方机械并合理布置施工区域内的运行路线,确保使用安全。

(6) 确定临时性挖方边坡坡度以及是否采用基坑支护。

(7) 在机械无法作业的部位,修理边坡坡度以及清理槽底等均应配备人工进行。

三、施工工艺

机械挖土施工工艺如图6-7所示。

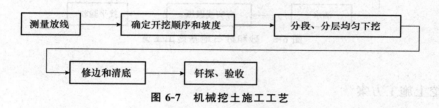

图 6-7 机械挖土施工工艺

经济标投标报价方案决策,根据项目特点及竞争对手报价预估,学习选择本团队的报价策略并进行调整。

(6) 开评标阶段(表6-13)。通过搭建现场开标场景与结合电子开评标系统,模拟现场开标流程及工作,了解并学习主流开标方式的岗位分工、细节及要素,现场模拟专家对投标文件的评审及打分。

表 6-13 开标、评标阶段任务清单

序号	任务清单	完成后请打"√"	
		使用单据/表/工具	完成情况
六	开标、评标阶段		□
1	投标人递交投标保证金/递交投标文件	____工程开标会签到表/____工程递交登记表	□
2	开标记录	中标价预估表/开标记录表/电子招标投标项目交易平台	□
3	评标记录	电子招标投标项目交易平台	□

(7) 定标阶段(表6-14)。

砂和砂石地基施工方案

一、主要机具

人力夯、蛙式打夯机、推土机、压路机、手推车、平头铁锹、喷水用胶管、2 m 靠尺、小白线或细钢丝、钢尺等。

二、施工准备

(1) 对级配砂石进行技术鉴定，应符合设计要求。
(2) 回填前，应组织有关单位检验基槽地质情况。
(3) 采取有效的降水措施，保持基坑（槽）无积水。
(4) 设置控制铺筑厚度的标志。

三、施工工艺

施工工艺如图 6-5 所示。

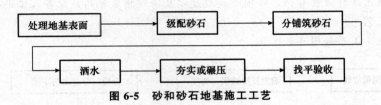

图 6-5 砂和砂石地基施工工艺

人工挖土施工方案

一、主要机具

测量仪器、铁锹（尖、平头）、手锤、手推车、梯子、铁镐、撬棍、龙门板、钢尺、坡度尺、小白线或 20 号钢丝等。

二、施工准备

(1) 土方开挖前，应编制对应的专项施工方案。
(2) 根据施工方案的要求，将施工区域内的障碍物清除和处理完毕。
(3) 基槽和管沟定位控制线、水准基点，必须验收合格。
(4) 场地要清理平整，做好排水措施。
(5) 做好夜间施工各项保障措施。
(6) 做好有效降水措施。

三、施工工艺

人工挖土施工工艺如图 6-6 所示。

图 6-6 人工挖土施工工艺